U0393558

双季稻
测土配方施肥技术

全国农业技术推广服务中心　组织编写

中国农业出版社

图书在版编目（CIP）数据

双季稻测土配方施肥技术/全国农业技术推广服务中心组织编写．—北京：中国农业出版社，2009.8

（测土配方施肥技术丛书）

ISBN 978 - 7 - 109 - 13812 - 4

Ⅰ. 双… Ⅱ. 全… Ⅲ.①双季稻—土壤肥力—测定法 ②双季稻—施肥—配方 Ⅳ. S511.406

中国版本图书馆 CIP 数据核字（2009）第 059726 号

中国农业出版社出版

（北京市朝阳区农展馆北路 2 号）

（邮政编码 100125）

责任编辑 贺志清

北京通州皇家印刷厂印刷 新华书店北京发行所发行
2011 年 1 月第 1 版 2011 年 1 月北京第 1 次印刷

开本：787mm×1092mm 1/32 印张：5 插页：1
字数：104 千字 印数：1～3 000 册
定价：13.00 元

（凡本版图书出现印刷、装订错误，请向出版社发行部调换）

《测土配方施肥技术丛书》编委会

本书编写人员

主　　编：谢卫国　黄铁平

副主编：宾士友　刘如清

编写人员：（按姓名笔画排序）

付雄球　刘如清　危长宽

陈　松　宾士友　夏海鳌

黄铁平　谢卫国

前　　言

　　2005年，国家启动实施了测土配方施肥补贴项目。六年来，中央财政累计投资49.5亿元，在全国2 498个项目县（单位、场）启动实施测土配方施肥项目。至2009年，全国测土配方施肥技术实施面积11亿亩以上。测土配方施肥已成为国家支持力度最大、覆盖面最广、参与单位最多的支农惠民行动。全国测土配方施肥项目坚持"试点启动、稳步扩展、全面普及"的发展思路，测土配方施肥技术由外延扩展到内涵提升，突出技术进村入户、配方肥推广到田，保证了项目顺利实施，取得了显著的经济、社会和生态效益。

　　从科学施肥技术层面上看，测土配方施肥包括测土、配方、配肥、供肥、施肥指导五个环节，包括野外调查、采样测试、田间试验、配方设计、校正实验、配肥加工、示范推广、宣传培训、数据库建设、效果评价和技术研发十一项工作，工作环节多，技术要求高，协作部门广，各级农业部门按照"统筹规划，分级负责，分步实施，整体推进"的原则，狠抓技术规范落实，建立推进工作机制，积极探索推广模式，稳步扩大应用面积。

从技术开发服务层面上看，测土配方施肥注重结合优势作物种植布局，围绕作物品种特性，从粮油大宗作物不断扩展到棉麻糖等经济作物，有的还拓展到果蔬茶花等园艺作物。测土配方施肥已成为全国粮棉油糖高产创建的主要技术手段，也已成为全国标准园田建设的核心技术措施，为我国的粮食安全和农产品有效供给奠定了坚实的技术基础。

为了深化测土配方施肥技术，提高科学施肥技术的到位率，从项目启动实施开始，全国农业技术推广服务中心即在注重耕地土壤肥力和肥料养分配比的基础上，围绕不同农作物的生育特性和需肥规律，开展了大量的肥效田间试验和示范，探索出了适合当前生产水平的农作物施肥技术，形成了小麦、水稻、玉米、大豆、棉花、油菜、花生等粮棉油糖农作物和蔬菜、水果、茶叶等经济作物的科学施肥技术模式，并组织全国30多个省级土肥站富有实践经验的专家及技术骨干编写了《测土配方施肥技术丛书》（以下简称《丛书》）。

《丛书》充分运用了最新的测土配方施肥技术成果，以农作物品种为主线，以作物生育期营养需求和不同区域土壤供肥规律为基础，形成不同农作物的施肥建议。

《丛书》共有20册，涉及小麦、水稻、玉米、大豆、棉花、油菜、花生、蔬菜、果树、马铃薯、烟草等作物。《丛书》介绍了不同作物的区域布局、作物营养特征、作物需肥特性、测土配方施肥方法，以及不同栽培条件下，不同肥料品种的施用时期、数量、方法等。特别是书后附有作物缺素症状图片，并在文中对相对敏感的营养元素的缺素症状进行了直观的描述，是对测土配方施肥技术的一个很好的补充和完善。

《丛书》突破了以往就肥料论肥料、就营养论营养的专业性施肥指导模式，立足在特定区域（土壤）围绕农作物品种研究科学、合理施肥，具有较强的针对性、专一性和可操作性，是基层农技人员进行科学施肥的必备参考书，也是种植大户和广大农民朋友掌握测土配方施肥技术的良好读本。

在《丛书》的编写过程中，我们前后两次组织全体编写人员及农业部测土配方施肥技术专家组成员参加审稿会，提出具体编写要求，认真审稿，保证了《丛书》内容的高质量。中国农业出版社对《丛书》的出版付出了辛勤劳动，专此致谢。

尽管我们谨笔慎墨，疏漏和差错仍在所难免，希望广大读者多提宝贵意见，以臻完善。

编　者

2010 年 10 月

目 录 □□□□□□□□□□□□□□□

第一章 双季稻区域布局与 稻田土壤肥力

一、双季稻区域布局

水稻土的面积占全国耕地总面积的 1/4，分布几乎遍及全国，北至北纬 53°36′的黑龙江漠河，南至北纬 18°20′的海南岛崖县，东起台湾，西至新疆西部的伊犁河谷和喀什地区。由 3 个地理要素即纬度地带上的南热北寒、季风气候上的东湿西干和地形起伏上的西高东低所构成的水、热、土地资源的组合，奠定了我国水稻土相对集中在东南一隅的格局。全国 93％的水稻土分布在秦岭、淮河、白龙江（1 月 0℃等温线）以南，青藏高原以东的东南部地区。按照全国统一的耕地类型区划分方法，双季稻田属于南方稻田耕地类型区，在这一区域内又分为以下 4 个亚区。

(一) 长江中下游水稻土区

该区域包括湖南、湖北、江西、安徽和浙江省的一部分。其中：

注：亩为非法定计量单位，为方便农民朋友阅读，本书仍使用亩为面积单位，1 亩＝1/15 公顷≈667 米²。

1. 湖南省　该省位于长江中游以南、南岭以北,东经108°50′～114°15′,北纬24°40′～30°05′。属大陆性中亚热带季风湿润气候区,东、南、西三面环山,中部丘岗起伏,向北东呈"马蹄形"敞口。全省耕地面积381.60万公顷,其中水田263.05万公顷,共有4个亚类、33个土属、163个土种,其中洞庭湖区以湖泊沉积物母质发育的紫潮泥和潮沙泥土属为主;四水两岸以河流冲积物母质发育的河沙泥土属为主;环洞庭湖和湘中岗地区以第四纪红土母质发育的红黄泥土属为主;衡阳盆地、沅麻盆地以紫色砂页岩母质发育的中性酸紫泥和紫泥田土属为主;湘西武陵山区和湘南部分山丘区以石灰岩母质发育的灰黄泥和灰泥田土属为主;其他山丘区以板页岩、花岗岩、砂岩母质发育的黄泥田、麻砂泥和黄砂泥土属为主。年日照时数1 300～1 800小时,降水量1 200～1 700毫米,年平均气温16～18℃,无霜期260～310天,光、热、水资源丰富,三者高值基本同步,历年4～10月总辐射量占全年的70%～76%,降水量占全年的68%～84%。2005年全省农作物播种面积833.64万公顷,其中双季稻324.93万公顷,主要集中在环洞庭湖区、湘中丘陵区、衡邵盆地和湘南的郴州、永州一带,全省稻谷总产2 484.99万吨,占当年粮食总产的94.1%,稻谷产量长年稳居全国第一。

2. 湖北省　该省地处长江中游,地势西北东三面环山,中间低平,略呈向南敞开的马蹄形,属亚热带季风气候,具有南北过渡的气候特点。全省耕地面积3 045千公顷,其中水田1 510千公顷。双季稻主产区主要分布在以江汉平原腹地为中心的平原、低丘岗地,常年双季稻播种面积68万公顷左右。区域日照充足,光热资源丰富,年总辐射量423～

460 千焦/厘米^2，无霜期 250～300 天，完全可以满足双季稻以及麦—稻、麦—棉、稻—油所需的温光资源；雨量充沛，年降水量 800～1 350 毫米，且雨热同季，非常适宜双季稻的种植。区域内地带性土壤以红壤和黄棕壤为主，隐域性土壤以水稻土和潮土为主。土壤有机质含量在 15.1～32.9 克/千克之间，平均 22.3 克/千克，其中水稻土平均 25.6 克/千克；耕层土壤容重在 1.01～1.23 克/厘米^3 之间，总孔隙度在 53.6%～61.9% 之间。根据区域水稻土地力长期定位监测网点和耕地养分调查结果表明，长期以来，由于肥料施用结构不合理，有机肥与无机肥的比例（2∶8）、无机养分氮磷钾三要素比例（1∶0.3∶0.3）不协调，造成土壤板结，物理性状变差，表现为：容重增大，孔隙度减少，特别是毛细管孔隙度下降；施肥效应降低，未利用肥料流入江河引起的肥料浪费和富营养化等问题严重。

3. 江西省 境内除北部较为平坦外，东西南部三面环山，中部丘陵起伏，成为一个整体向鄱阳湖倾斜而往北开口的巨大盆地。全省春季回暖较早，气候温暖，日照充足，无霜期长，但天气易变，雨量偏多；盛夏至中秋前晴热干燥；冬季阴冷但霜冻期短，暖冬气候明显。由于江西地势狭长，南北气候差异较大，但总体来看是春秋季短而夏冬季长。全省年平均气温 18℃ 左右。赣东北、赣西北和长江沿岸年均气温略低，约在 16～17℃ 之间；滨湖、赣江中下游、抚河、袁水区域和赣西南山区约在 17～18℃ 之间；抚州、吉安地区南部和信江中游约在 18～19℃ 之间；赣南盆地气温最高，约为 19～20℃ 之间。全省年均日照总辐射量为 406～479 千焦/厘米^2；年均日照时数为 1 733～2 078 小时。年均降水量 1 341～1 940 毫米，一般表现为南多北少、东多西少、山区多盆地少。武夷山、怀玉山和九岭山一带年均降水量多达1 800～2 000毫米，长江沿岸到鄱阳湖以北以及吉泰盆地年均降水量约为1 350～1 400毫米，其他地区多在1 500～1 700毫米之间。全年降水季节差别很大。秋冬季一般晴朗少雨，1977年大部分地区整个秋冬季以阴雨天气为主的现象较为少见。春季时暖时寒，阴雨连绵，一般在4月份后全省先后进入梅雨期。5、6月份为全年降水最多时期，平均月降水量在200～350毫米以上，最高可达700毫米以上。7月雨带北移，雨季结束，气温急剧上升，全省进入晴热时期，伏旱秋旱相连，而从东南海域登陆的台风将给江西带来阵雨，缓解旱情，消减炎热。全省水稻土为淹育性水稻土、潴育性水稻土和潜育性水稻土三个亚类，由各类自然土壤水耕熟化而成，是该省主要耕作土壤，广泛分布于省内山地丘陵谷地及河湖平原阶地，面积约200万公顷左右，占全省耕地总面积的80%以上。全省粮食常年播种面积360万公顷，其中早稻141万公顷、晚稻148万公顷，是我国主要双季稻产区。

4. 安徽省　该省位于华东腹地，是我国东部近海的内陆省份，跨长江、淮河中下游，地处中纬度地带，属暖温带向亚热带过渡型的气候区，年平均气温在14～17℃之间，冬季1月平均气温在-1～4℃之间，夏季7月平均气温为28～29℃左右，年较差各地小于30℃，所以大陆性气候不明显。除少数年份外，一般寒期和酷热期较短促，全省年降水量在750～1 700毫米之间，有南多北少、山区多、平原丘陵少等特点。淮北一般在900毫米以下，江南、沿江西部和大别山区在1 200毫米以上，1 000毫米的等雨量线横贯江淮丘陵中部。山区降水一般随高度增加，黄山光明顶年平均雨量达 2 300 毫米。从全国降水量分布图上看，安徽省雨量比较适中，一般年份都能满足农作物生长发育的需要，但春季气温上升不稳定，日际变化大，春温低于秋温，春雨多于秋雨。3～5 三个月降水量约占全年降水量的 20％～38％，自北而南增大。6～8 三个月雨量约占全年降水量的 33％～60％。春温低、春雨多，特别是长时间的低温连阴雨，对早稻苗期生长不利。秋季，除地面常有冷高压盘踞外，高空仍有副热带暖高压维持，大气层结比较稳定，秋高气爽，晴好天气多，其中 9～11 月降水量只占全年降水量的 15％～20％左右，且南北差异不大。全省早稻和晚稻分别稳定在35 万公顷和 37 万公顷左右，主要分布在江淮、沿江和江南地区。

5. 浙江省　该省地势自西南向东北呈阶梯状倾斜，西南多为千米以上的群山盘结，地形以丘陵山地为主，占全省总面积的 70.4％。境内河流水源充足，地表水平均年径流总量 900 多亿米^3。土壤以黄壤和红壤为主，占全省面积70％以上，多分布在丘陵山地，水稻土是全省主要耕作土壤，多分布于平原和河谷地带。总的气候特点是：季风显著，四季分明，年气温适中，光照较多，雨量丰沛，空气湿润，雨热季节变化同步，气候资源配置多样，气象灾害繁多。全省年平均气温 15～18℃，极端最高气温 33～43℃，极端最低气温−2.2～−17.4℃；全省年平均雨量在 980～2 000毫米，年平均日照时数 1 710～2 100 小时。

该省水稻种植历史悠久，早在 7000 年前已开始种植水稻，20 世纪 90 年代以前全省一直以种双季稻为主，历史最高年份为 1974 年，达 255.53 万公顷，其中早稻 125.33 万公顷，晚稻 130.2 万公顷，水稻面积占当年粮食作物总面积的 73％；1990 年前后，该省水稻播种面积仍稳定在 236.67 万公顷左右，仍以种双季稻为主，其中早稻面积 103.33 万公顷左右，连作晚稻 114.67 万公顷左右。1992 年以后，该省水稻种植面积出现持续下滑态势，主要经历了两次大的调整时期。到 2003 年，全省水稻播种面积减至 97.93 万公顷，仅为 1990 年的 41％，降至历史最低点，其中早稻 12.93 万公顷面，晚稻 85.0 万公顷。2004 年后，水稻生产出现重要转机，全省水稻种植面积恢复到 102.73 万公顷，其中早稻 15.4 万公顷，晚稻 87.33 万公顷，稻谷总产 686.94 万吨，比上年增加 40 万吨。

（二）华南水稻土区

该区域包括福建、广东、广西、云南、海南 5 省（自治区），其中：

1. 福建省　福建省位于东南沿海，北纬 23°30′～28°22′，东经 115°50′～120°40′，属亚热带海洋性季风气候，境内群峰耸峙，山岭蜿蜒，丘陵起伏，素有"东南山国"之称，海岸线曲折绵亘，长达 3 501 千米。全省耕地面积 133.01 万公顷，其中水田 84.31 万公顷，共有 15 个亚类、31 个土属、81 个土种。全省耕作土壤类型以水稻土占绝对优势，主要分布于南平、三明、龙岩、漳州和福州等市。水稻亚类以渗育和潴育型水稻为主，其次是耕作赤红壤和耕作红壤，耕作赤红壤主要分布于东南沿海的漳州和泉州市，耕作红壤主要分布在宁德、南平和福州，耕作黄壤主要分布于宁德、三明和南平市，风砂土主要分布在福州、漳州沿海，潮土主要分布于南平、泉州、漳州和福州市，耕作滨海盐土分布在福州、莆田和泉州市，紫色土、石灰土主要分布在南

平市。全省年均日照时数 1 700～2 300 小时，降水量
1 000～2 100 毫米，年平均气温 14.6～21.3℃，无霜期
235～365 天，光热水资源丰富，气候温暖，且热量垂直分
异明显；地处低纬度地区且濒海，由于受季风气候的明显影
响，雨水充沛。2005 年全省农作物播种面积 248.13 万公
顷，其中双季稻 65.13 万公顷，主要集中在龙岩、泉州、漳
州地区，全省稻谷总产 526.57 万吨，占当年粮食总产
的 73.63%。

2. 广东省　广东省北靠南岭山脉，南临南海，稻区辽
阔，从平海面的潮田到海拔千米的山区梯田都有水稻种植。
全境地势北高南低，北部、东北部和西部都有较高山脉，中
部和南部沿海地区多为低丘、台地或平原，山地和丘陵约占
62%，台地和平原约占 38%。以亚热带季风气候为主，南
部为热带季风气候。境内多年平均降水量 1 774 毫米，水稻
安全生育期多数地方为 220～280 天，稻作季节长，种植制
度以双季稻为主，稻作区域可划分为 4 个稻作区。一是粤北
稻作区。位于英德县沙口以北的北部山区。分西北单季稻亚
区和粤北双季稻亚区两个亚区。稻田分布稀疏，海拔高，低
产田的比重较大，水利条件较差。属广东省重稻瘟病区。本
稻作区水稻面积小，水稻安全生育期短，秋冷早，属重寒露
风区。台风危害很微，年日照时数少，春雨较多，秋天易
旱，原来单产较低。早稻以中熟品种为主，晚稻早熟感温型
杂交稻占多数。除西北部分地方以单季稻为主外，一般均种
植双季稻。稻作季节短，春播迟，秋收早，夏收、夏种农事
很紧。二是中北稻作区。位于英德县沙口以南至广州以北的
中北部丘陵区，南界线大致沿北回归线附近通过。分韩江丘
陵亚区、东江北江丘陵亚区和西江丘陵亚区 3 个亚区。稻田

地分布偏疏，水利条件好，旱涝保收稻田约 69%。北江和西江的下游地区易受洪涝危害，韩江和北江水土流失较重，常侵袭稻田。属广东省内较重的稻瘟病和白叶枯病区。本稻作区水稻面积较大，总产量较高，单产水平中等。本稻作区水稻安全生育期较短，秋冷较早，属广东省较重寒露风区。以双季稻为主，低洼田、塘田一年种一季稻。早、晚稻的品种均以中熟为主。稻作季节较短，春播较迟，秋收较早，夏收夏种农事紧。三是中南稻作区。位于广州以南的中南部沿海平原和丘陵区。分潮汕平原区亚区、东南沿海丘陵亚区、珠江三角洲亚区、西南沿海丘陵亚区和鉴江丘陵亚区 5 个亚区，稻田面积约占全省的 46%。本稻作区稻田密集，海拔 1~30 米。水利条件好或较好，水稻面积大，单产高，总产量多，是广东省稻谷的最主要产区。本稻作区是广东省的白叶枯病重病区。以双季稻为主，早稻品种以迟熟类型为主，晚稻多数种植早熟感温型杂交稻或常规早稻翻秋。春播较早，秋收迟，稻作季节较长。除双季外，还有水稻与甘蔗、花生、甘薯复种。四是西南稻作区。本稻作区位于雷州半岛，以双季稻为主。春旱严重，加之水利条件差，旱涝保收稻田比例较低。水稻安全生育期长，春播最早，秋收较迟。台风多，属广东省的重台风区。早季的日照数比晚季多，这是同其他稻作区的显著差异之一。

3. 广西壮族自治区　全区土地面积 23.76 万平方千米，耕地总面积 421 万公顷，地跨北热带、南亚热带与中亚热带，自然生态环境优越。年平均气温在 17~22℃ 之间，历年来各地出现的极端最高气温多在 36~42℃，极端最低气温一般在 -6~0℃，年均气温和 1 月、7 月平均气温均由北向南递增、由河谷平原向丘陵山区递减，桂西高于桂东。无

霜期在 284～365 天之间，全区雨热资源丰富，年降水量在
1 000～2 800 毫米之间，太阳年总辐射量达 376～418 千焦/
（厘米²·年），日均温≥10℃积温在 5 000～8 300℃之间，
持续日数为 240～358 天，雨热同季，有利于双季稻生长，
属典型的双季稻区。耕地以红壤为主，分布差异较大，70%
耕地分布在桂东、桂东南的平原、台地及丘陵区中，并以水
田为主，水田面积占当地耕地面积的 75% 以上，土壤有机
质及磷、钾等矿物元素含量低，而且大多数耕地土层比较浅
薄，土壤较为贫瘠，其中缺氮的占 83%，缺磷的占 85%，
缺钾的占 87%，酸性土壤占 67%。2007 年，全区水稻播种
面积 205.10 万公顷，其中早稻播种面积 94.65 万公顷，产
量 582.13 万吨，中稻播种面积 14.13 万公顷，产量 83.22
万吨，晚稻播种面积 95.68 万公顷，产量 544.45 万吨。

4. 海南省 该省位于我国最南端，岛内四周低平，中
间高耸，山地、丘陵、台地、平原构成环形层状地貌，梯级
结构明显，是我国最具热带季风气候特色的地方，全年暖
热，雨量充沛。各地年平均气温在 23～25℃之间，全岛年
平均降水量在 1 600 毫米以上。近年来双季稻面积稳定 30
万公顷左右，其中早稻 12 万公顷、晚稻 18 万公顷，双季
稻—冬瓜菜 3 熟制已占海南省稻田面积的 44%。

（三）四川盆地水稻土区

1. 四川省 该省位于我国西南地区、长江上游。总的
气候特点是区域表现差异显著，东部冬暖、春早、夏热、秋
雨、多云雾、少日照、生长季长，西部则寒冷、冬长、基本
无夏、日照充足、降水集中、干雨季分明；气候垂直变化
大，干旱、暴雨、洪涝和低温等灾害种类多，发生频率高，

范围大。其中东部盆地全年日照 900～1 600 小时，是全国日照最少的地区。在地域上由西向东递增：盆西 900～1 200 小时，盆中 1 200～1 400 小时，盆东 1 400～1 600 小时。在时间上，春夏多于秋冬，盛夏最多。西部高原全年日照数为 2 000～2 500 小时。西南山地全年日照时数 1 200～2 700 小时，较东部盆地多 1 倍。东部盆地大部年降水量 900～1 200 毫米，盆西缘山地为 1 300～1 800 毫米，盆东北和东南缘山地为 1 200～1 400 毫米；盆中丘陵区为 800～1 000 毫米。在季节上，冬季（12 月至翌年 2 月）降水最少，占全年总雨量的 3%～5%，夏季（5～10 月）降水最多，占全年总雨量的 80%，冬干夏雨，雨热同期。川西南山地降水地区差异大，干湿季节分明，大部年降水 800～1 200 毫米。木里以北与川西北高原接壤，年降水小于 800 毫米；安宁河东侧与东部盆地相当，年降水 1 000 毫米左右。雨季（6～9 月）降水占全年总降水量的 85%～90%。

　　该省双季稻主要分布在四川盆地中亚热带湿润气候区和川西南山地亚热带半湿润气候区，其中四川盆地中亚热带湿润气候区分布于四川盆地及周围山地，该区全年温暖湿润，年均温 16～18℃，日温≥10℃的持续期 240～280 天，积温达到 4 000～6 000℃，气温日较差小，年较差大，冬暖夏热，无霜期 230～340 天。盆地云量多，晴天少，全年日照时间较短，仅为 1 000～1 400 小时，比同纬度的长江流域下游地区少 600～800 小时。雨量充沛，年降水量达 1 000～1 200毫米。川西南山地亚热带半湿润气候区全年气温较高，年均温 12～20℃，年较差小，日较差大，早寒午暖，四季不明显，但干湿季分明。降水量较少，全年有 7 个月为旱季，年降水量 900～1 200 毫米，90%集中在 5～10 月。云量少，晴天多，日照时间长，年日照多为 2 000～2 600 小时，其河谷地区受焚风影响形成典型的干热河谷气候，山地形成显著的立体气候。近年，全省双季稻面积稳定在 4 300公顷左右，总产 2.8 万吨，其中早稻 3 300 公顷、双季晚稻1 000 公顷，总产分别为 2.4 万吨和 0.4 万吨。

2. 重庆市　该市位于我国内陆西南部、长江上游，四川盆地东部边缘，地跨青藏高原与长江中下游平原过渡地带，地界东临湖北、湖南，南接贵州，西靠四川，北连陕西。境内气候温和，属亚热带季风性湿润气候，年平均气候在 18℃左右，冬季最低气温平均在 6～8℃，夏季较热，最高气温均在 35℃以上，极端气温最高 41.9℃，最低－17℃，日照总时数 1 000～1 200 小时，冬暖夏热，无霜期长，雨量充沛，常年降雨量 1 000～1 450 毫米，春夏之交夜雨尤甚，且多雾，年平均雾日达 104 天。近年耕地面积 223.6 万公顷，其中灌溉水田 71.5 万公顷，有效灌溉面积 65.9 万公顷，粮食播种面积 221.54 万公顷，其中早稻 500 公顷、中稻和一季晚稻 74.82 万公顷、双季晚稻 1 800 公顷。

（四）云贵高原水稻土区

1. 云南省　该省位于我国西南边陲，西北部是高山深谷的横断山区，东部和南部是云贵高原。受南孟加拉高压气流影响形成的高原季风气候，全省大部分地区冬暖夏凉，四季如春的气候特征，共有北热带、南亚热带、中亚热带、北亚热带、南温带、中温带和高原气候区共 7 个气候类型，气候区域差异和垂直变化十分明显，年平均温度除金沙江河谷和元江河谷外，大致由北向南递增，平均温度在 5～24℃左右，南北气温相差达 19℃左右。由于地处低纬高原，空气干燥而比较稀薄，各地所得太阳光热的多少除随太阳高度角的变化而增减外，也受云雨的影响，年温差小，日温差大。夏季，最热天平均温度在 19～22℃左右；冬季，最冷月平均温度在 6～8℃以上。年温差一般为 10～15℃，但阴雨天气温较低。全省大部分地区降水充沛，干湿分明，分布不均，全省年降水量在 1 100 毫米，但由于冬夏两季受不同大气环流的控制和影响，降水量在季节上和地域上的分配极不均匀，降水量最多为 6～8 三个月，约占全年降水量的 60%，11 月至次年 4 月的冬春季节为旱季，降水量只占全年的 10%～20%，甚至更少。水稻生产遍布全省，近年全省水稻种植面积稳定在 103 万公顷左右，总产 637 万吨，其中早稻 6 万公顷、中稻和一季晚稻 96 万公顷、双季晚稻 21 万公顷，总产分别为 40 万吨、587 万吨、10 万吨左右。

2. 贵州省　该省位于我国西南的东南部，东毗湖南省，南邻广西壮族自治区，西连云南省，北接四川省和重庆市。境内地势西高东低，自中部向北、东、南三面倾斜，平均海拔在 1 100 米左右。土地资源以山地、丘陵为主，平坝地较少，其中 92.5% 为山地和丘陵，境内山脉众多，重峦叠峰，绵延纵横，山高谷深。境内气候温暖湿润，属亚热带湿润季风气候。气温变化小，冬暖夏凉，气候宜人。年平均气温为 14.8℃，通常最冷月（1 月）平均气温多在 3～6℃，比同纬度其他地区高；最热月（7 月）平均气温一般是 22～25℃，为典型夏凉地区。受季风影响降水多集中于夏季，多年平均降水量 1 480 毫米。境内各地阴天日数一般超过 150 天，常年相对湿度在 70% 以上。受大气环流及地形等影响，气候多变不稳，干旱、秋风、凌冻、冰雹等灾害性天气较多、频度大，对农业生产危害严重。由于地势较为复杂，稻种资源丰富，籼、粳、糯型品种俱全，早、中、晚熟品种兼有。受比较效益影响，20世纪90年以来，双季稻面积逐年减少，近年全省中稻和一季晚稻72万公顷，已占全省水稻面积72.06万公顷的99.9%，早稻和双季晚稻分别降至200公顷和400公顷，零星分布于山间盆地平坝区和河流阶地宽谷地带。

二、水稻土肥力综述

我国是水稻栽培的主要发源地之一，水稻种植历史悠久。据考古发现，早在12000多年以前，祖先们就开始了水稻种植。长期实践证明，只要光温、水源条件适宜，土地平整，田埂和排灌设施齐全，便可形成水稻土。而随着人类不断地灌溉、翻耕、种植、施肥和农田建设，土壤产生一系列物理化学变化，例如氧化还原过程、有机质合成与分解、复盐基与盐基淋溶和铁、锰氧化物变化等，有力地促进了生土熟化。

一是周期性的氧化还原交替作用。通常，水稻土是水旱交替耕作，以水耕熟化为主的一类土壤。在种稻期间，由于表层土的长期淹水翻耕，施入的有机肥以及年复一年的根茬等的累积与分解，使土壤发生周期性的氧化还原交替作用，引起土壤氧化还原电位的变化。在不同水稻土的氧化还原交替作用下，使土壤中易变价显色的铁、锰氧化物获得电子而被还原，变成还原态易迁移的活性成分，并产生一定数量的铁锰有机络合物，在一定程度上改变了耕作层土壤的基色。在耕作层排水落干后，氧化过程随之发生，于是活性低价铁锰氧化物，一部分随耕作层的静水压向下淋移；一部分随地表排水流失；还有一部分储积或滞留在耕层土壤孔隙或土块裂面而被氧化淀积，形成棕红色的锈纹与有机物络合形成"鳝血斑"。由于土壤中铁、锰化合物随氧化还原条件的变价而变色，因而土壤色调的变化，直接指示了水稻土的形态发育特征。

二是有机质的合成与分解。长江中下游等双季稻种植区常处于高温高湿的环境中，土壤有机质的矿质化过程与腐殖化过程同时存在，淹水期以腐殖化过程为主，干水期以矿质化过程为主，在双季稻种植区由于淹水期远长于干水期，因此，土壤有机质腐殖质化系数较高，施入新鲜粪、牛粪和马粪，其腐殖质化系数分别为 38.4%、69.8% 和 48.0%。因此，双季稻区水稻土的有机质普遍高于旱土。

三是盐基淋溶和复盐基作用。水稻土在人工培肥和灌溉影响下，使盐基饱和的母土在淹水耕作后，部分盐基被淋溶。在碱性水稻土上，由于灌溉，使土壤中的碱性物质遭到淋失，从而使 pH 降低。在酸性土地区，由于灌水后形成二价铁和二价锰，在水中形成 $Fe(OH)_2$ 和 $Mn(OH)_2$，使水稻土的 pH、阳离子交换量及盐基饱和度随之升高。水稻土淹水条件下，有利于有机质的积累，从而又使盐基不饱和的母土中发生复盐基作用，土壤交换性得到改善。

四是黏土矿物的分解与合成。水稻土的黏土矿物一般同于母土，但含钾矿物较高的母土（如石灰性紫色土）发育的水稻土，则水云母含量降低，而蛭石增加，形成了新的黏土矿物。

水稻土作为一个独立的土类，是因其年复一年的受到排水灌溉、水旱轮作、施肥投入、翻耕种植等影响，使土壤水分移动频繁，氧化还原多变，物质淋淀明显，剖面形态分化，层段发育各异。而水稻土特有的发生层段与其属性，是区分水稻土各亚类的主要依据。根据水稻土剖面的层次差异，我国将水稻土统一划分为淹育型水稻土、渗育型水稻土、潴育型水稻土、潜育型水稻土、脱潜型水稻土、漂洗型水稻土、盐渍型水稻土和咸酸型水稻土等 8 个主要亚类。本书涉及面积相对较大、分布较广的潴育型水稻土、潜育型水稻土、淹育型水稻土和渗育型水稻土四个亚类。

据 1985—2006 年全国土壤监测结果，我国双季稻区土壤有机质含量变幅在 6.2～97.1 克/千克之间，平均 33.3 克/千克，其总的趋势为稳中略有上升，22 年间土壤有机质累积增加 4.9 克/千克，升幅为 18.5%，平均每年增加 0.25 克/千克。其全氮含量变化同样保持稳中略升的趋势，变幅在 0.31～5.60 克/千克之间，平均 1.90 克/千克，1985—2006 年期间累积增加量为 0.17 克/千克，升幅为 10.4%，平均每年增加 0.008 克/千克。土壤碱解氮在经过 22 年常规施肥耕作后，总的变化趋势保持稳定，没有明显的升高或降低，变幅在 10.6～365.0 毫克/千克之间，平均为 158.3 毫克/千克。而土壤有效磷和速效钾均呈明显上升趋势，其中有效磷变幅为 1.0～94.6 毫克/千克之间，平均为 16.8 毫克/千克，22 年间累积增加 7.3 毫克/千克，平均每年增加 0.33 毫克/千克；速效钾变幅为 2.4～330.0 毫克/千克，平均为 75.0 毫克/千克，22 年间上升 23.3 毫克/千克，平均每年增加 1.1 毫克/千克。其中：

1. 潴育型水稻土　分布于冲积平原、河流阶地、冲垄及山丘坡地中下部，为各地主要水稻土亚类，一般占到水稻土面积的 50% 以上，其中湖南省共有 215.5 万公顷，占水稻土面积的 72.74%。该类水稻土淹水期水分以下渗为主，旱作及干水期水分以上升为主，由于水分不断下渗和上升交替，使犁底层以下形成一个棱柱或棱块状结构的潜育层（W），典型剖面为 A‐Ap‐P‐W‐C 或 A‐Ap‐W‐C。耕层土壤有机质平均为 36.1 克/千克，高于水稻土总体水平。22 年间土壤有机质呈明显上升趋势，大致以每年 0.3 克/千克的速度上升；全氮含量亦呈略微上升的趋势，其含量变化与总养分施用量、有机肥养分施用量及总氮施用量呈极显著正相关。一般总养分施用量每增加 100 千克/公顷，土壤全氮增加 0.02~0.03 克/千克。土壤碱解氮和有效磷均呈明显上升趋势，其中碱解氮平均以每年 1 毫克/千克的幅度增加，土壤有效磷含量变幅为 1.0~94.6 毫克/千克，平均 19.4 毫克/千克，年均上升 0.40 毫克/千克。土壤速效钾表现为稳中略有上升，变幅为 2.4~330.0 毫克/千克，平均 65.5 毫克/千克。

2. 潜育型水稻土　广泛分布于冲垄下部、丘岗间洼地、平区低洼地等地形部位。由于所处地势低洼，地表排水困难，地下水位较高，或者受冷泉水和侧渗水长期汇集滞留于土体而形成。另外，处于地势较高的梯田虽水源短缺，人为长期冬浸蓄水，也可形成潜育型水稻土。该亚类包括原生潜育和次生潜育两种类型，其中原生潜育是指土壤开垦之时地下水位高，本身具有潜育层；次生潜育是指修建库塘、道路或河床淤塞抬高后，地下水位提高或土壤常年积水不通气，出现了青泥层即潜育层（W），典型剖面为 A‐Ap‐G 或 A‐G。22 年间土壤有机质和全氮含量呈稳中略有上升的趋势，其中有机质变幅为 19.1~45.8 克/千克之间，平均 31.3 克/千克，略低于水稻土的平均水平，平均升幅 0.26 克/千克；全氮变幅为 1.13~3.9 克/千克，平均 1.75 克/千克。碱解氮含量变幅为 47.0～192.0 毫克/千克，平均为 142.7 毫克/千克；有效磷和速效钾含量变化不明显，其中有效磷在 7.0 毫克/千克左右，速效钾在 51.0～275.0 毫克/千克之间，平均 134.5 毫克/千克。

3. 渗育型水稻土 分布于低山丘陵区的低漕田或排田，以及地下水位较深的平原区。大部分土壤所处的地势稍高，部分土壤所处地势低平，但其地下水位均稍深，土体中的水分运动状况以降水和灌溉水自上而下渗透淋溶为主，起源于潮土或钙质冲积物的渗育型水稻土。土体基本脱钙或上段土层已脱钙，只有部分起源于紫色土的坡洪积物或冲积物土体中尚有一定量的碳酸钙，典型剖面为 A-Ap-P-C。22 年间土壤有机质呈逐年上升趋势，平均含量 26.8 克/千克，年均增加 0.33 克/千克；全氮亦呈上升趋势，变幅 0.86～2.28 克/千克，平均为 1.60 克/千克。碱解氮变幅为 18.2～308.0 毫克/千克之间，平均 141.1 毫克/千克；有效磷变幅为 1.2～30.0 毫克/千克之间，平均 10.1 毫克/千克；速效钾变幅 22.0～172.0 毫克/千克，平均 70.2 毫克/千克。

4. 淹育型水稻土 广泛分布于低山丘陵的缓坡和岗背上，俗称高岸田，以板页岩、石灰岩、紫色砂页岩、砂岩地区分布面积较大，靠降水或引水种植水稻，土壤中水分运动为单向自上而下的渗透淋溶，一般不受地下水的影响。其耕作层和犁底层因具有氧化还原作用而区别于起源母土，但氧化还原程度较弱，土壤剖面处于分化初期，属初期发育阶段的水稻土，典型剖面为 A-Ap-C。22 年间耕层土壤有机质呈逐年稳中略降趋势，平均 28.6 克/千克，年均下降 0.53 克/千克；全氮下降趋势明显，变幅为 0.8～3.71 克/千克，平均 1.62 克/千克；碱解氮变幅为 10.6～322.0 毫克/千克之间，平均 138.2 毫克/千克；有效磷平均 8.7 毫克/千克、速效钾平均 74 毫克/千克，年际之间无明显变化。

第二章 双季稻营养
与需肥特性

一、双季稻营养特性

(一) 双季稻对氮、磷、钾的吸收量

双季稻对氮、磷、钾的吸收总量一般通过收获物总量和含量计算。据中国科学院南京土壤研究所对长江以南江河冲积和湖积区的试验结果，双季早稻子实中干物质平均含氮（N）1.10%、磷（P_2O_5）0.70%、钾（K_2O）0.63%；秸秆中干物质平均含氮（N）0.55%、磷（P_2O_5）0.32%、钾（K_2O）3.28%；子实＋秸秆总干物质氮磷钾含量分别为1.65%、1.02%和3.83%。双季晚稻子实中干物质含氮（N）1.23%、磷（P_2O_5）0.65%、钾（K_2O）0.49%；秸秆中干物质含氮（N）0.64%、磷（P_2O_5）0.27%、钾（K_2O）2.50%；子实＋秸秆总干物质氮磷钾分别为1.87%、0.92%和2.99%（表2-1）。在稻谷中氮和磷素的含量均高于秸秆，钾素则相反，秸秆含钾量远远高于稻谷。

双季常规早稻与双季杂交早稻、双季常规晚稻与双季杂交晚稻比较，对氮、磷的吸收量相近，而钾的吸收量按每500千克稻谷吸收的 K_2O 量计算，双季杂交早稻为21.6千

克,比双季常规早稻多吸收 3 千克,增长 16.1%;双季杂交晚稻为 18.5 千克,比双季常规晚稻增加 2.1 千克,增长 12.8%(表 2-2)。

表 2-1 不同地区水稻收获物中的氮、磷、钾含量

栽培地区	稻别	子实(干物重%)			秸秆(干物重%)			子实+秸秆(干物重%)		
		N	P_2O_5	K_2O	N	P_2O_5	K_2O	N	P_2O_5	K_2O
长江以南江河冲积和湖积区	双季早稻	1.10	0.70	0.63	0.55	0.32	3.20	1.65	1.02	3.83
	双季晚稻	1.23	0.65	0.49	0.64	0.27	2.50	1.87	0.92	2.99

表 2-2 双季常规稻与双季杂交稻对氮、磷、钾积累吸收量

类型	产量(千克/亩)	吸收养分量(千克/亩)			折合 500 千克稻谷吸收量(千克)		
		N	P_2O_5	K_2O	N	P_2O_5	K_2O
双季常规早稻	489.4	12.3	4.3	18.2	12.7	4.4	18.6
双季杂交早稻	541.3	12.2	4.8	23.4	11.3	4.4	21.6
双季常规晚稻	445.0	12.2	6.4	14.6	13.7	7.2	16.4
双季杂交晚稻	534.0	14.9	8.2	14.7	13.9	7.6	18.5

(二)双季常规稻的需肥特点

1. 双季常规早稻需肥特点 双季常规早稻移入大田后至幼穗分化前的营养生长期十分短,并很快转入生殖生长阶段,基本上移栽后 15 天左右时间即大量分蘖并开始幼穗分化,分蘖吸肥高峰和幼穗分化吸肥高峰相重叠,整个

生育期只有一个吸肥高峰期。中山大学试验结果表明，双季常规早稻在移栽至分蘖期对氮、磷、钾的吸收量分别为35.5%、18.7%和21.9%，幼穗分化至抽穗期对氮、磷、钾的吸收量分别为48.6%、57.0%和61.9%，结实成熟期对氮、磷、钾的吸收量分别为15.9%、24.3%和16.2%（表2-3）。

表2-3　双季常规早稻对氮、磷、钾的吸收率

项　目	移栽至分蘖期（%）	幼穗分化至抽穗期（%）	结实成熟期（%）
N	35.5	48.6	15.9
P_2O_5	18.7	57.0	24.3
K_2O	21.9	61.9	16.2

2. 双季常规晚稻需肥特点　双季常规晚稻一般在移栽后10天左右开始迅速吸氮，移栽后20天时，每天每亩吸氮量达0.2～0.3千克。中山大学试验研究结果表明，双季常规晚稻在移栽至分蘖期对氮、磷、钾的吸收量分别为22.3%、15.9%和20.5%，幼穗分化至抽穗期对氮、磷、钾的吸收量分别为58.7%、47.4%和51.8%，结实成熟期对氮、磷、钾的吸收量分别为19.0%、36.7%和27.7%（表2-4）。

表2-4　双季常规晚稻对氮、磷、钾的吸收率

项　目	移栽至分蘖期（%）	幼穗分化至抽穗期（%）	结实成熟期（%）
N	22.3	58.7	19.0
P_2O_5	15.9	47.4	36.7
K_2O	20.5	51.8	27.7

（三）双季杂交稻的需肥特点

1. 双季杂交早稻需肥特点　湖南农业大学试验研究结果表明，双季杂交早稻植株氮、磷、钾含量均以分蘖期最高，茎鞘分别为 25.02 克/千克、4.45 克/千克、36.43 克/千克，叶片分别为 46.19 克/千克、3.59 克/千克、24.01 克/千克，其余依次为孕穗期和齐穗期。氮素在叶片中含量高于茎鞘中，磷素和钾素则是茎鞘中含量高于叶片，成熟期氮素的 60% 和磷素的 80% 转移到子粒，而钾素则 90% 以上留在茎叶。成熟期地上部植株氮、磷、钾的积累分别为 154.03 千克/公顷、29.10 千克/公顷和 163.10 千克/公顷（表 2-5）。平均每生产 1 000 千克稻谷需纯氮 17.9～19.0 千克、P_2O_5 7.91～8.14 千克、K_2O 22.4～25.78 千克。

2. 双季杂交晚稻需肥特点　湖南农业大学试验研究结果表明，双季杂交晚稻植株氮素和磷素含量均以分蘖期最高，茎鞘和叶片中含氮量分别为 18.78 克/千克和 39.10 克/千克，含磷量分别为 3.69 克/千克和 2.96 克/千克，分蘖后期至成熟期逐渐降低。钾素含量以分蘖期最高，茎鞘和叶片中含量分别为 37.66 克/千克和 23.32 克/千克；齐穗期最低，茎鞘和叶片中含量分别为 17.16 克/千克和 15.94 克/千克。磷素和钾素在抽穗前茎鞘中含量高于叶片中含量，抽穗后茎鞘和叶片中含量大致相等，到成熟期氮素和磷素主要转移到子粒中，而钾素主要分布在茎鞘中（表 2-6）。平均每生产 1 000 千克稻谷需吸收纯 N 21 千克、P_2O_5 11.46 千克、K_2O 30.11 千克。

表 2-5 双季杂交早稻不同生育期地上部植株氮、磷、钾含量与吸收量

养分	年份	最高分蘖期			孕穗期			齐穗期			成熟期		
		茎鞘(克/千克)	叶片(克/千克)	吸收量(千克/公顷)	茎鞘(克/千克)	叶片(克/千克)	吸收量(千克/公顷)	茎鞘(克/千克)	叶片(克/千克)	吸收量(千克/公顷)	茎鞘(克/千克)	叶片(克/千克)	吸收量(千克/公顷)
纯N	1996—1998	25.02	46.19	76.07	11.85	28.55	145.07	9.69	24.90	151.43	8.83	12.08	154.03
P_2O_5	1996—1998	4.45	3.59	8.93	3.20	3.29	24.33	2.89	3.00	29.43	1.11	2.79	29.10
K_2O	1996—1998	36.43	24.01	60.53	20.97	21.27	149.40	18.85	169.92	173.30	22.99	2.32	163.10

表 2-6 双季杂交晚稻不同生育期地上部植株氮、磷、钾含量与吸收量

养分	年份	最高分蘖期			孕穗期			齐穗期			成熟期		
		茎鞘(克/千克)	叶片(克/千克)	吸收量(千克/公顷)	茎鞘(克/千克)	叶片(克/千克)	吸收量(千克/公顷)	茎鞘(克/千克)	叶片(克/千克)	吸收量(千克/公顷)	茎鞘(克/千克)	叶片(克/千克)	吸收量(千克/公顷)
纯N	1996—1998	18.78	39.10	101.23	10.48	26.44	141.8	8.82	21.99	147.07	8.08	11.72	159.9
P_2O_5	1996—1998	3.69	2.96	11.43	3.11	2.67	29.40	2.27	2.25	27.17	1.44	2.13	28.37
K_2O	1996—1998	37.66	23.32	105.17	24.14	59.58	180.9	17.16	15.94	202.03	22.84	2.44	198.57

二、水稻缺素症状与防治措施

(一) 水稻缺氮症状与防治措施

1. 缺氮症状   缺氮时叶绿素合成受阻，叶绿素含量下降后出现叶片黄化，光合强度减弱，光合产物减少，蛋白质合成受阻，细胞分裂活性下降。植株生长缓慢，个体矮小，分蘖减少；茎叶常带有红色或紫红色；根系细长，总根量减少，早衰枯落；严重缺氮甚至出现生长停滞，不能抽穗开花。后期缺氮则导致器官提前衰老，幼穗分化不完全，穗形较小；叶片氮输出过早，光合产物供应不足，谷物的子粒结实率下降，产量明显降低。收获产品中的蛋白质、维生素和必需氨基酸的含量也相应地减少。

2. 防治措施

(1) 培肥地力，提高土壤供氮能力   对于新开垦的、熟化程度低的、有机质贫乏的土壤及质地较轻的土壤，应增加有机肥的投入，改良土壤，培肥地力，以提高土壤保氮供氮能力，防止缺氮症的发生。

(2) 确定合适的施肥量   理想的氮肥投入量应以施用后能保证双季稻优质稳产，能获得比较高的经济效益，双季稻收获后土壤基本无残留为原则。确定氮肥适宜用量通常要考虑土壤供氮和双季稻需氮状况，一般双季稻由土壤吸收的氮素可占其吸氮量的 45%～70%。

(3) 采用合适的施肥方法   一是氮肥深施。由于铵态氮肥易挥发损失，因此强调氮肥深施。稻田基肥可采用无水层混施，追肥可采用以水带氮等方法。二是注意施肥时期。双季稻不同生育期对养分的需求量不同，确定合适的施肥时期是提高氮肥肥效的重要措施。三是采用保肥增效措施。淋失、挥发、反硝化是氮素损失的 3 条主要途径，因此要根据各地实际采取相应的保肥增效措施。稻田水面铵态氮挥发和反硝化脱氮非常严重。减少田面水中铵和氨的浓度、降低 pH 是防止氨挥发的关键。深施（无水层混施，随水带入等）、分次施、应用不易挥发的氮肥品种对减少水中铵（氨）浓度有重要作用，添加脲酶抑制剂以延缓尿素水解，推广应用缓释肥料也有一定的效果。防止反硝化脱氮的核心是降低硝化速度，而要达到这一目标深施仍是关键，铵态氮肥深施到水稻土的还原层中会较稳定地保持其形态。

（4）氮素与其他营养元素的协调供应　提高氮素利用效率首先要从养分平衡着手。解决养分平衡的关键是施用氮肥时配合施用有机肥或磷、钾肥。氮肥与磷、钾肥配合施用是解决氮磷失调、氮钾失调和提高氮素利用效率的一条重要途径。

（5）加强综合防治　一是改善双季稻生育条件，培育健壮植株。健壮植株会从土壤和肥料中吸取更多的养分，提高养分的利用效率。改善双季稻生育条件包括：采用合适的密度和栽培方式，保证双季稻有充分的光照供应；改良土壤性质，采用良好的耕作措施，保证双季稻生育的介质——土壤水、肥、气、热相互协调。二是在大量施用碳氮比高的有机肥料如秸秆时，应注意配施速效氮肥。三是在翻耕整地时，配施一定量的速效氮肥作基肥。四是对于地力不匀引起的缺氮症，要及时追施速效氮肥。

（二）水稻缺磷症状与防治措施

1. 缺磷症状　水稻缺磷时植株生长缓慢，个体矮小，茎叶狭细，叶片直挺，叶色变深，呈暗绿色、灰绿色或灰蓝色；叶尖及叶缘常带紫红色；僵苗不发，丛顶齐平，呈簇状，即所谓"一炷香"株型，分蘖少甚至无；子粒退化、抽穗、成熟延迟，减产严重。

2. 防治措施

（1）合理施用磷肥　一是磷肥应作基肥早施、深施、集中施用。大多数作物在生育前期对缺磷比较敏感，吸收的磷占总需磷量的比例也较大，因此，磷肥必须早施。由于磷在土壤中的移动性慢，移动距离短。因此，磷肥应适当深施，保证水稻根系在生长中、后期能吸收到磷肥。同时，磷肥应集中施用，如蘸根、穴施、条施等，使磷肥与水稻根系尽可能地接触。二是选用适合于当地土壤特性的磷肥种类。磷肥种类选择一般以土壤的酸碱性为基本依据。在缺磷的酸性土壤上宜选用钙镁磷肥、钢渣磷肥等含石灰质的磷肥，缺磷十分严重时，生育初期可适当配施过磷酸钙；在中性或石灰性土壤上宜选用过磷酸钙。在酸性土壤上配合施用石灰可以减少土壤中磷酸铁、铝对磷的固定，提高土壤中磷的有效性。

（2）配合施用有机肥料　无论是酸性土壤或是碱性土壤，都应把施用磷肥与施用有机肥料结合起来，这样可以减少肥料与土壤的接触，减少水溶性磷酸盐被土壤固定。有机肥料在分解过程中能形成多种有机酸，这些酸的活性基具有络合铁、铝、钙等金属离子的作用，使之成为稳定的络合物，从而减少对水溶性磷的固定。同时有机质还能为土壤微生物提供能源，促进其繁殖，而微生物的大量繁殖既能把无机态磷转变为有机态磷暂时保护起来，又可释放出大量二氧化碳以促进难溶性磷酸盐的逐步转化。

（3）加强综合防治　一是选种适当的双季稻品种。首先应选用耐缺磷的作物品种，其次是对双季早稻，易受低温影响而诱发缺磷，可选用生育期较长的中、晚熟品种，以减轻或预防缺磷症的发生。二是秧田施足磷肥。秧田施足磷肥是培育壮苗，促进水稻根系发达，增强水稻对磷的吸收，以减轻或预防缺磷症的有效措施。三是对潜育性稻田和山区低洼冷浸田要开深沟抬田，排除地下冷浸水和田面积水，以提高土壤温度和磷的有效性，防止因土壤温度低导致的缺磷僵苗。

（4）根外追肥　根外追肥是经济有效施用磷肥的方法之一。它能有效避免土壤对水溶性磷的固定，有利于双季稻迅速吸收，并能节省肥料用量。目前根外追肥适宜的磷肥品种是过磷酸钙，先将过磷酸钙加少量水配制成母液，放置澄清，取上层清液稀释至 $1\% \sim 2\%$ 的浓度，在双季稻苗期、移栽返青后和灌浆期进行叶面喷施。

（三）水稻缺钾症状与防治措施

1. 缺钾症状　水稻缺钾时老叶叶尖及前端叶缘变褐或焦枯，同时出现褐色斑点；植株生长受抑而矮缩；叶色加深，呈暗绿色且无光泽；根系细弱，多褐根，老化早衰；抽穗不整齐，秕谷率增加，正常受精的谷粒也不饱满，产量和品质下降。根据水稻出现症状的时期及斑点的特征，通常又将水稻缺钾症分为三种类型，即：①赤枯型。返青后至分蘖期出现症状，下位叶发生大量赤褐色不规则斑点，扩展后叶片焦枯，呈赤枯状，生长停滞，新叶少而零乱不齐，常伴有"黑根"。②胡麻斑型。分蘖末期至幼穗分化期出现赤褐色胡麻斑，斑点一般比普通胡麻叶斑病要大，色泽也较灰暗，病斑与正常组织的界线清楚。③褐斑型。即幼穗分化前后出现症状，以散生的细小斑点为主，或连成短线状。叶尖褪淡发黄，进而变褐、干卷。早稻偏施氮肥促发的缺钾症多为此类型。

2. 防治措施

（1）增施有机肥料　广辟钾肥资源，推广秸秆还田，促进钾在农业生态系统中的循环利用，是解决钾素营养缺乏症的根本途径。

（2）积极寻求生物钾肥资源　土壤中钾的含量是比较丰富的，但90％～98％是一般双季稻难以吸收的形态。发展绿肥生产，吸收和富集土壤中难溶性钾肥，使土壤中难溶性钾转变为有效钾，是解决钾肥资源不足的有效途径之一。

（3）合理轮作换茬，缓和土壤供钾不足的矛盾　各种作物需钾量不同，吸钾能力也有差异，因此可以利用轮作换茬的方式调节土壤的供钾状况，如稻—稻—肥、稻—稻—油等耕作制度的轮作换茬。

（4）合理施用钾肥　一是科学确定钾肥的施用量。测土配方施肥田间试验结果表明，在速效钾50～105毫克/千克水稻土上，目标产量7 500千克/公顷时，以每公顷 K_2O 施用量75千克为宜。在此基础上，有机肥料施用量大的土壤应适当少施钾肥，特别是双季晚稻实行稻草还田时，应扣除稻草所含的钾肥。二是选择适当的钾肥施用时期。由于钾在土壤中较易淋失，钾肥的施用应做到基肥与追肥相结合。在有机肥施用量少和严重缺钾的土壤上，化学钾肥作基肥的比例应适当大一些；在施用有机肥的稻田，特别是双季晚稻实行稻草还田的土壤，化学钾肥作追肥的比例至少要占50％。由于水稻植株体内氮钾平衡与钾营养缺乏症的发生关系密切，所以，在双季稻处于分蘖盛期至幼穗分化的吸氮高峰期要及时追施钾肥，以防氮钾比例失调而发生缺钾症。

（5）加强综合防治　一是提倡冬季翻耕。冬季翻耕一方面可提高土壤的氧化还原电位，减轻或消除还原性物质对作物根系的危害；另一方面能促进土壤中钾的释放，提高土壤的供钾水平。二是控制氮肥用量。目前生产上缺钾症的发生在很大程度上是由于氮肥施用过量引起的，在供钾能力较低或缺钾的土壤上确定氮肥用量时，尤需考虑土壤的供钾水平，在钾肥施用得不到充分保证时，更要严格控制氮肥用量。三是加强水分管理。水稻田要做到露、搁、烤田相结合，以提高土壤氧化还原电位，消除还原性物质对根系的危害及对钾素吸收的抑制作用。

（四）水稻缺钙症状与防治措施

1. 缺钙症状　水稻缺钙症状首先出现在新根、幼叶、生长点等分生组织，造成生长减弱，植株生长严重受阻，新叶黄化焦枯，生长点枯死；根尖坏死，根系发育不良，呈黄褐色，缺乏生机。

2. 防治措施　目前主要是合理施用钙质肥料。在 pH 小于 $5.0 \sim 5.5$ 的酸性土壤上，应施用石灰质肥料，既起到调节土壤 pH 的作用，同时增加钙的供给。石灰的用量一般通过中和滴定法来计算，同时还要控制施用年限，谨防因石灰施用过量而形成次生石灰性土壤。一般以 5 年为一周期，前 3 年大致按 2 250 千克/公顷、1 500 千克/公顷、750 千克/公顷递减的用量作基肥撒施，后 2 年可在绿肥压青、秸秆还田时施用，结合耕耙整地使其尽量与土壤混合均匀。在钠离子饱和度大于 10% 的碱性稻田上，应施用石膏，通过改善土壤结构、调节酸碱度等土壤理化性状，促进作物根系的生长和对钙营养的吸收。为补充土壤钙素营养，可选用含钙磷肥如过磷酸钙、钙镁磷肥等，但其施用量应以水稻对氮、磷营养的需要量而定。

（五）水稻缺镁症状与防治措施

1. 缺镁症状　水稻缺镁首先在叶尖、叶缘出现色泽退淡变黄，叶片下垂，脉间出现黄褐色斑点，随后向叶片中间或基部扩展。杂交水稻病叶叶缘呈紫红色或灰紫色；严重时，下位叶常于叶枕处折垂，塌沾水面，叶缘微卷；穗枝梗基部不实粒增加，导致减产。

2. 防治措施

（1）改善土壤环境　作物缺镁症多发生在有机质贫乏的酸性土壤上。因此，土壤环境的改善对防止缺镁症的发生有明显的作用。增施有机肥料能改良土壤理化性状，促进根系生长，增强水稻对镁的吸收，防止缺镁症的发生。施用石灰，尤其是含镁石灰，或直接施用白云石粉，即可中和土壤酸度，能提高土壤的供镁能力。

（2）根据土壤条件合理施用镁肥　镁肥效果与土壤供镁水平密切相关。一般高度淋溶的酸性土壤、阳离子交换量低的砂土和交换性镁含量低于 50 毫克/千克的土壤施用镁肥的增产效果都较好。

（3）采用适宜的施用方法　镁肥应尽量早施，可作基肥和追肥。水稻一般选用氯化镁，在酸性土壤上以施用钙镁磷肥、白云石粉、碳酸镁和氧化镁为好，用作基肥；在碱性土壤上施用硫酸镁为好，用作基肥或追肥，以 MgO 计算每公顷用量为 15～30 千克。

（4）确定合理的镁肥施用量　镁肥作基肥时，每公顷MgO 施用量一般为 50 千克左右；叶面喷施一般用 $1\%\sim2\%$ 的硫酸镁，连续喷施 $2\sim3$ 次，间隔时间为 $7\sim10$ 天。

（六）水稻缺硫症状与防治措施

1. 缺硫症状　水稻缺硫时新叶失绿呈淡绿色或黄绿色，叶片变薄，有的叶尖焦枯；分蘖少或不分蘖，植株瘦弱矮小；根系生长不良，移栽后发根少，返青慢；成熟期推迟，产量降低。水稻缺硫的症状类似于缺氮的症状，即失绿和黄化比较明显。但由于稻株体内硫的移动性不大，缺硫症状首先在中上部叶出现，这一点与缺氮有异。

2. 防治措施

（1）增施有机肥料，提高土壤的供硫能力

（2）根据土壤条件施用硫肥　施用硫肥时，应以土壤有效硫的临界值为依据。当有效硫（S）含量小于 10 毫克/千克时，施硫肥有效。一般由花岗岩、砂岩和河流冲积物等母质发育的质地较轻的土壤，其全硫和有效硫含量均低，同时又缺乏对 SO_4^{2-} 的吸附能力，施用硫肥效果较好。另外，丘陵山区的冷浸田，这类土壤全硫含量并不低，但由于低温和长期淹水环境，影响土壤硫的有效性，土壤有效硫含量低，施用硫肥往往有较好的增产效果。

（3）在水稻对硫肥反应较敏感的时期施用硫肥　水稻对硫反应较敏感，特别是分蘖期对缺硫最敏感，应注意追施硫肥。

（4）根据肥料性质施用硫肥　含硫肥料种类较多，性质各异。石膏类肥料和硫黄溶解度较低，宜作基肥施用，以便有充足的时间氧化或有效化。其他水溶性含硫肥料可作基肥、追肥、种肥或根外追肥施用。在降水量大或淋溶性强的土壤上，水溶性硫肥不宜做基肥施用。在质地较轻的缺硫土壤上应坚持有机肥和含硫化肥配合施用。水稻一般每公顷施用石膏 80～190 千克/公顷或硫黄 30 千克/公顷。基肥的用量大于追肥用量，如蘸秧根每公顷只用 30～45 千克石膏。

（5）结合氮、磷、钾、镁等肥料施用水溶性含硫肥料　例如在缺硫地区施用硫酸铵、硫酸钾、硫酸镁、过磷酸钙等，既补充了氮、磷、钾、钙、镁，又补充了硫营养，因此不必单独考虑施用硫肥。

（七）水稻缺硼症状与防治措施

1. 缺硼症状　水稻缺硼时，茎尖生长点受到抑制，节间短促，根系发育不良，根尖伸长停止，呈褐色。

2. 防治措施

（1）增施有机肥料　一方面有机肥料本身含有硼，全硼含量通常在 20～30 毫克/千克，施入土壤后，随着有机肥料的分解可释放出来，提高土壤供硼水平；另一方面还能提高土壤有机质，增加土壤有效硼的贮量，减少硼的固定和淋失，协调土壤供硼强度和容量。

（2）浸种　一般作物种子用 0.01%～0.03%硼砂或硼酸溶液浸种为宜，浸种时间一般在 12～24 小时。

（3）叶面喷施　一般用 0.1%～0.2%硼砂或硼酸溶液叶面喷施。

（4）合理施用氮、磷、钾肥料　控制氮肥用量，防止过量施用氮肥引起硼的缺乏；适当增施磷钾肥，促进作物根系的生长，增强根系对硼的吸收。

（八）水稻缺铁症状与防治措施

1. 缺铁症状 水稻缺铁时，叶绿素合成受阻，出现失绿症。缺铁首先可见的典型症状是幼叶失绿，而下部老叶仍保持绿色，随着缺铁症状加重，植株下部叶片逐渐失绿变白。幼叶失绿开始时往往是脉间失绿，叶脉仍能保持绿色。

2. 防治措施

（1）改良土壤 在碱性土壤上使用硫黄粉降低土壤pH，增加土壤中铁的有效性。石灰性或次生石灰性土壤上增施适量有机肥料对防治缺铁症也有一定的效果。

（2）铁肥作基肥施用 基肥采用硫酸亚铁与有机肥1：10～1：20混合，对防治缺铁症有明显效果。

（3）叶面喷施 叶面喷施浓度为 $0.2\%\sim0.5\%$ 的硫酸亚铁水溶液。由于铁在叶片上不易流动，不能使全叶片复绿，只是喷到肥料溶液之处复绿，因此需要多次喷施。

（九）水稻缺锌症状与防治措施

1. 缺锌症状 水稻缺锌症的特点是光合作用减弱，叶片失绿，节间缩短，植株矮小，生长受限制，产量降低。多在移栽后2～4周内发生，新叶中脉及其两侧褪绿而黄白化，叶片展开不完全，失绿部分渐呈棕红色或赤褐色，形成"赤枯翻秋"，叶鞘脊部也可失绿而黄白化，老叶叶身出现散生的红棕色斑点，叶尖发红枯萎而呈赤枯"翻秋"状，严重时，叶枕距平位甚至错位，新叶叶鞘比老叶叶鞘短而呈"倒缩稻"，植株明显矮缩，如病症延续到抽穗期，则不能正常抽穗，此时叶色深浓，叶形短小似竹叶，叶鞘比叶片长，叶片发脆易折断。

2. 防治措施

（1）改善土壤环境　由土壤还原条件下锌的有效性降低所引起的缺锌，可采用冬季翻耕晒垡，水稻生长期间提前落干、搁田烤田等技术措施，提高土壤的氧化还原电位和锌的有效性。对于大面积成片的低洼渍水田，应开沟排水，强化农田基本建设，以防治水稻缺锌。

（2）合理施肥　在低锌土壤上要严格控制磷肥和氮肥用量，避免一次性大量施用化学磷肥，尤其是过磷酸钙；在缺磷土壤上则要做到磷肥与锌肥配合施用，防止磷锌比例失调而诱发缺锌。同时，要避免大量施用未腐熟的有机肥料，保证土壤中锌的有效性和水稻根系对锌的吸收，防止因土壤中锌的有效性降低而导致水稻缺锌。

（3）增施锌肥　鉴于水稻缺锌症状一般发生在生长发育的前期，因此，锌肥的施用以作基肥为宜。用硫酸锌作基肥时，对低于0.5毫克/千克的土壤，于插秧前用硫酸锌0.5～1千克/亩作基肥施用。锌肥的当季利用率低，残效明显，因此，不一定每年都要重复施用锌肥。

（4）浸种　水稻一般可用0.1%硫酸锌溶液，浸种12～14小时后用清水洗净，再按常规方法用清水浸种，催芽后即可播种。

（5）蘸秧根　在秧苗移栽时，对有效锌含量低于1毫克/千克的土壤可用0.2～0.3千克/亩硫酸锌拌泥浆5～10千克/亩蘸秧根。

（6）叶面喷施　在水稻秧苗期和移栽返青后分别用硫酸锌200克对水50千克/亩叶面喷施。

（十）水稻缺铜症状与防治措施

1. 缺铜症状　水稻缺铜时，叶片畸形，并出现失绿黄化症状，易枯死；一般表现为幼叶褪绿、坏死、叶片畸形、叶片失绿黄化，叶形变小及叶尖枯死；植株纤细，木质部纤维化和表皮细胞壁木质化及加厚程度减弱。生殖生长受阻，种子发育不良或不实。

2. 防治措施

（1）浸种　水稻一般可用 0.01%～0.05% 硫酸铜溶液，浸种 8～10 小时后用清水洗净，再按常规方法用清水浸种，催芽后即可播种。

（2）叶面喷施铜肥　叶面喷施的效果迅速，但维持的时间较短，有时需连续喷施才能满足双季稻对铜的需要。喷施的硫酸铜溶液浓度为 0.1%～0.4%，为避免药害，最好加入 0.15%～0.25% 的熟石灰。熟石灰兼有杀菌的作用。

（十一）水稻缺钼症状与防治措施

1. 缺钼症状　一般表现为叶片出现黄色或橙色大小不一的斑点，有些叶缘向上卷曲而呈杯状，部分叶片的叶肉脱落或叶片发育不全。

2. 防治措施

（1）改善土壤环境　由于作物缺钼症通常发生在酸性土壤上，改善土壤环境主要就是施用适量石灰中和土壤酸度，提高土壤中钼的有效性，满足作物生长发育对钼营养的需求。石灰的用量通常应控制在 750～1 500 千克/公顷。

（2）合理施肥　增施有机肥料，提高土壤供钼水平；增施磷钾肥，促进作物根系的生长发育，增强作物根系对钼的吸收；施用钙镁磷肥、草木灰等碱性肥料，尽量少施过磷酸钙和氯化钾等生理酸性肥料，避免诱发缺钼症。

（3）浸种　浸种常用 $0.05\%\sim0.10\%$ 的钼酸铵溶液，浸种 $10\sim12$ 小时后用清水洗净，再按常规方法用清水浸种，催芽后即可播种。

（4）叶面喷施钼肥　叶面喷施通常用 $0.05\%\sim0.20\%$ 的钼酸铵溶液，一般在苗期和生殖生长初期，各喷 $1\sim2$ 次即可。

（十二）水稻缺锰症状与防治措施

1. 缺锰症状　水稻缺锰时，通常表现为新生叶片失绿并出现杂色斑点，而叶脉仍保持绿色，叶片变薄易呈下披状。植株黄化，生长发育停滞，分蘖减少。

2. 防治措施

（1）增施有机肥料　有机肥料含有一定数量的有效锰和有机结合态锰，施入土壤后，可供给植物吸收利用。同时，有机肥料在土壤中分解产生各种有机酸等还原性中间产物，可明显地降低土壤的氧化还原电位和 pH，促进土壤中氧化态锰的还原，提高土壤锰的有效性。

（2）浸种　水稻一般用 0.1% 硫酸锰溶液浸种 48 小时，种子与溶液比例为 $1:1$，浸种后用清水洗净，再按常规方法用清水浸种，催芽后即可播种。

（3）叶面喷施锰肥　叶面喷施通常用 $0.05\%\sim0.20\%$ 的钼酸铵溶液，一般在苗期和幼苗穗分化初期各喷 $1\sim2$ 次即可。

三、主要双季稻区双季稻特性与需肥规律

（一）湖南省

1. 作物特性 湖南是我国双季稻主要产区。其中早稻生育期从播种到成熟一般为 100～120 天，再分为早（110天以下）、中（110～120 天）、迟熟（120 天以上）品种；双季晚稻生育期一般为 110～130 天，再分为早（120 天以下）、中（120～130 天）、迟熟（130 天以上）品种。根据穗数、穗粒数和千粒重等产量构成因素及其相互关系，为促进双季稻高产，湖南双季稻区的早稻一般于 3 月中、下旬播种，4 月中、下旬移栽，7 月上、中旬收割；晚稻一般于 6月中、下旬播种（即早、中、迟熟品种分别于 6 月上旬、中旬和下旬播种），7 月中、下旬移栽，10 月中、下旬收割。早稻早、中熟品种一般采用小兜密植的方法，密度为 16.7厘米×20 厘米，每亩插 2 万兜，每兜 3～4 苗；迟熟高产品种密度为 16.7 厘米×23.3 厘米或 20 厘米×20 厘米，每亩插1.8 万～2 万兜，杂交稻每兜 2～3 苗，常规稻每兜 4～5苗。有效穗，常规早稻需要 20 万～22 万/亩，杂交早稻需要18 万～20 万/亩，高产须达到 24 万/亩。双季晚稻以杂交稻为主，密度23.3 厘米×23.3 厘米为宜，每亩插 1.7 万兜左右，每兜插 2～3 苗；常规稻适当密植，每亩插 1.8 万～2万兜，每兜插 3～4 苗。双季晚稻有效穗要求达到 18 万～20万/亩，高产须达到 22 万/亩。

2. 养分需求规律 受水、肥、气、热和品种等因素的影响，水稻不同生育期其生理特性不尽相同，需肥规律也存在明显差异，早、晚稻品种间其生育期内体内养分的变化幅

度也有差异。

（1）双季早稻养分需求规律 见表2-7。

表2-7 不同产量水平下双季早稻氮、磷、钾的吸收量

产量水平	养分吸收量（千克/公顷）		
	N	P_2O_5	K_2O
4 500	74	17	82
5 250	87	19	96
6 000	99	22	110
6 750	111	25	123

（2）双季晚稻养分需求规律 见表2-8。

表2-8 不同产量水平下双季晚稻氮、磷、钾的吸收量

产量水平	养分吸收量（千克/公顷）		
	N	P_2O_5	K_2O
5 250	100	17	91
6 000	115	21	105
6 750	129	23	118
7 500	143	26	131

（二）湖北省

1. 作物特性 湖北省双季稻区属于长江中下游平原单、双季稻亚区，该地区≥10℃年积温为4 500～6 500℃，水稻生育期210～260天，年降水量700～1 600毫米。早稻品种多为常规籼稻或籼型杂交稻，连作晚稻和单季晚稻为籼、粳型杂交稻或常规粳稻。水稻一生可划分为营养生长期和生殖生长期两个阶段，包括幼苗期、分蘖期、长穗期和灌浆结实期。双季稻适期播种是决定产量收成的重要环节。通常采取早稻适期早播，以在自然条件下当日平均气温稳定通过 10℃ 或 12℃ 的初日，分别作为粳稻或籼稻的早播界限期，再根据气象预报，抓住冷尾暖头，抢晴播种。晚稻迟播的界限期是要保证安全齐穗。水稻抽穗期低温伤害的温度指标为日平均温度连续 3 天以上低于 20℃（粳）、22℃（籼）或 23℃（籼型杂交稻）。一般以秋季日平均温度稳定通过 20℃、22℃、23℃ 的终日，分别作为粳稻、籼稻与籼型杂交稻的安全齐穗期。根据各品种从播种到齐穗的生长天数，就可向前推算出该品种的迟播界限日期。

　　主要的技术措施包括：①选用高产品种和合理的品种搭配方式，采用高产迟熟早稻—中熟晚稻或中熟早稻—迟熟晚稻品种搭配方式；②培育壮秧。采用旱育秧或湿润育秧结合化学调控培养矮壮多蘖秧；③增加大田栽插或抛栽密度和本苗数；④采用合理高效肥水管理措施，采用实地氮肥管理、测土配方施肥和平衡施肥等新型技术措施，合理的水分运筹模式；⑤控制病虫草害减少产量损失。主要的技术指标包括：早稻栽插密度每公顷 30 万～35 万穴、晚稻 25 万～30 万穴，每穴 2～3 本苗；早稻大穗型品种有效穗数每公顷 270 万～300 万穗、多穗型品种 320 万～375 万穗，晚稻大穗型品种有效穗数每公顷 250 万～280 万穗、多穗型品种 270 万～350 万穗；结实率 80% 以上。

　　2. 养分需求

　　(1) 早稻养分吸收规律　见表 2-9。

表 2 - 9　不同产量水平下早稻氮、磷、钾的吸收量

产量水平	养分吸收量（千克/公顷）		
（千克/公顷）	N	P_2O_5	K_2O
4 500	75	15	85
6 000	105	20	110
7 500	140	27	145
9 000	185	35	195

（2）晚稻养分吸收规律　见表 2 - 10。

表 2 - 10　不同产量水平下晚稻氮、磷、钾的吸收量

产量水平	养分吸收量（千克/公顷）		
（千克/公顷）	N	P_2O_5	K_2O
4 500	78	16	90
6 000	105	22	125
7 500	135	28	155
9 000	180	38	205

（三）安徽省

1. 作物特性　双季稻是安徽省重要稻作方式，主要分布在江淮地区南部和沿江江南地区，常年种植面积 50 万公顷以上。早稻由于地处双季稻北缘，生长季节短，温光资源紧张。早稻一般于 3 月下旬播种，4 月下旬及 5 月上旬移栽或抛秧，7 月中旬收获，生育期 105～110 天。通常将早稻生育期划分为移（抛）栽、分蘖、拔节、抽穗、开花、灌浆和成熟等生育时期。单位面积基本苗数是调节合理群体结构的基础，当前生产中基本苗数一般为每公顷 110 万～180万。单位面积有效穗 25 万～30 万/亩，每穗实粒数 70～80

粒，千粒重24克以上，结实率80%以上。稻谷产量6 750～
7 500千克/公顷。晚稻一般于6月上、中旬播种，7月中、
下旬移栽或抛秧，11月中、下旬收获，生育期120～130
天。通常将晚稻生育期划分为移（抛）栽、分蘖、拔节、抽
穗、开花、灌浆和成熟等生育时期。单位面积基本苗数是调
节合理群体结构的基础，当前生产中基本苗数一般为每公顷
110万～180万。单位面积有效穗25万～30万/亩，每穗实
粒数90～135粒，千粒重25克以上，结实率85%以上，稻
谷产量7 500～8 500千克/公顷。

2. 养分需求　见表2-11、表2-12。

表2-11　不同产量水平双季早稻氮、磷、钾的吸收量

产量水平	养分吸收量（千克/公顷）		
（千克/公顷）	N	P$_2$O$_5$	K$_2$O
4 500	79	15	88
6 000	107	21	106
7 500	140	25	148

表2-12　不同产量水平下双季晚稻氮、磷、钾的吸收量

产量水平	养分吸收量（千克/公顷）		
（千克/公顷）	N	P$_2$O$_5$	K$_2$O
6 000	107	20	109
7 500	134	24	149
8 500	154	27	189

（四）福建省

1. 作物特性　福建省地处亚热带，属亚热带湿润季风气
候，气候温和，日照充足，雨量充沛，雨热同步，年降水量
自东南至西北为1 100～2 200毫米，且80%的雨量集中在每

年水稻生长季的3~10月份内,十分有利于水稻生长。水稻品种类型丰富,不仅籼、粳稻并存,福建的中籼稻和粳糯稻有其独特的区域性。目前福建省种植的主要品种类型是常规籼稻、三系杂交中籼稻等,搭配种植常规籼、粳糯和晚粳稻、两系杂交中籼稻。习惯上把水稻生育期划分为秧田期、分蘖期、幼穗分化期、抽穗扬期、灌浆结实期等生育期。双季早稻一般在2月下旬到3月上旬播种,3月下旬到4月上旬移栽,7月上旬到下旬收获,全生育期120~140天;双季晚稻一般在6月上旬到中旬播种,7月上旬到8月上旬移栽,10月下旬到11月上旬收获,全生育期120~130天。早稻常规品种一般采用小蔸密植的方法,密度为20厘米×20厘米,每亩插1.6万蔸,每蔸4~5苗;杂交稻每蔸2~3苗,密度为21厘米×23~27厘米,每亩插1.2万~1.3万蔸;有效穗,常规早稻需要20万~24万/亩,杂交早稻需要16万~20万/亩,高产须达到22万/亩。双季晚稻以杂交稻为主,密度23.3厘米×23.3厘米为宜,每亩插1.4万~1.6万蔸,每蔸插2~3苗;常规稻适当密植,每亩插1.6万~1.8万蔸,每蔸插3~4苗。双季晚稻有效穗要求达到18万~20万/亩,高产须达到22万/亩。

2. 养分需求　见表2-13。

表2-13　福建省双季稻不同产量水平下的氮、磷、钾吸收量

产量水平 (千克/公顷)	养分吸收量(稻谷+稻草)(千克/公顷)		
	N	P_2O_5	K_2O
5 929	135	18	101
6 850	148	22	127
7 009	159	28	137
7 778	172	28	180
8 445	191	31	189

(五)广东省

1. 作物特性 广东地处中国大陆南部,光、温、水资源丰富,无霜期长,水稻生育期多在 220 天以上。习惯上把水稻生育期划分为秧田期、分蘖期、拔节长穗期、灌浆结实期等生育期。双季早稻一般在 2 月下旬到 3 月上旬播种,3 月下旬到 4 月上旬移栽,7 月上旬到中旬收获,全生育期110～140 天;双季晚稻一般在 7 月上旬到中旬播种,7 月下旬到 8 月上旬移栽,10 月下旬到 11 月上旬收获,全生育期100～120 天。栽插密度一般为 2 万～3 万穴/亩,大穗型品种有效穗数为 25 万～30 万穗/亩,多穗型品种有效穗数为30 万～35 万穗/亩。

2. 养分需求 见表 2 - 14。

表 2 - 14 广东省双季稻不同产量水平下的氮、磷、钾吸收量

产量水平 (千克/公顷)	养分吸收量(千克/公顷)		
	N	P_2O_5	K_2O
4 500	80	36	81
5 250	100	42	95
6 000	120	48	108
6 750	140	54	122
7 500	165	60	135

四、土壤供肥和施肥与双季稻产量的关系

(一) 土壤供肥对双季稻产量的影响

1. 土壤的供肥量　双季稻吸收的养分, 除施肥直接供给一部分外, 大部分是培肥土壤以后, 通过土壤供给的。据浙江省农业科学院 1974—1975 年用 ^{15}N 标记土壤氮试验证明, 双季稻吸收的氮有 59%～84% 来自土壤; 湖北省农业科学院 1975 年用 ^{32}P 标记土壤磷的试验证明, 双季稻吸收的磷有 58%～83% 来自土壤。土壤中能供给双季稻的养分数量主要决定于土壤养分的贮存量和有效状态, 前者称为供应容量, 后者称为供应强度。供应容量与土壤中有机质含量、母质成分及水质等有关; 供应强度则受土壤中有机质的性质、土壤结构、酸碱度、氧化还原电位、微生物组成及土壤温度等的影响。尤其是和土壤有机质含量的关系最大, 如果有机质含量高, C/N 比低, 容易分解, 则供应容量和供应强度都比较大。土壤的供肥量还与季节有关。双季早稻插秧时气温较低, 土壤有机质分解慢, 养分供应强度低, 但随着气温的增高, 供应强度逐渐上升; 双季晚稻栽插时正值高温季节, 有机质分解快, 养分供应强度大。土壤质地不同, 土壤的供肥量也有区别, 质地较轻松的砂质土因其通透性良好, 早春土温回升快, 肥料分解快, 供应强度大, 但保肥力差, 肥分容易漏失, 肥效不能持久, 双季稻生长后期肥料供应量较少。相反, 黏重的土壤, 通透性较差, 早春温度回升慢, 肥料分解较慢, 双季稻生长前期养分供应强度小, 随着土温增高, 肥料分解加速, 双季稻生长后期养分供应强度大, 后劲较足。

2. 土壤供肥量对双季早稻产量的影响 原浙江农业大学土壤教研组 1976 年研究的土壤供氮量和早稻产量的关系（图 2-1）、上海市农业科学院 1977 年在青紫泥类型土壤上研究的土壤供磷量和双季早稻产量的关系（图 2-2）都表明了土壤养分供给在水稻生产中的重要性。

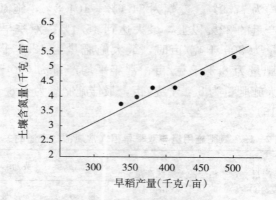

图 2-1　土壤含氮量与早稻产量的关系
（浙江农业大学土壤教研组，1976）

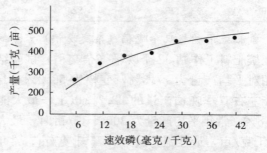

图 2-2　土壤含磷量和产量的关系
（上海市农业科学院，1977）

（二）肥料施用量与双季稻产量的关系

1. 氮肥施用量与双季稻产量的关系

（1）氮肥施用量与双季早稻（常规早稻）产量的关系
湖南省土壤肥料工作站 104 个早稻试验结果，无氮区的相对产量平均为 77.9%，变幅为 54.6%～104.8%，施氮肥能提高水稻产量的 22% 以上，最大达到 45.4%。双季早稻常年平均产量为 300 千克/亩时，最大施肥量为 12.6 千克/亩，最佳施肥量为 8.4 千克/亩；常年平均产量为 500 千克/亩时，最大施肥量为 8.4 千克/亩，最佳施肥量为 4.8 千克/亩（表 2-15）。

表 2-15　氮肥施用量与双季早稻（常规稻）产量的关系

常年产量 （千克/亩）	相应的无氮区产量 （千克/亩）	施氮量（千克/亩）	
		最　大	最　佳
300	175	12.6	10.7
400	300	10.9	8.4
500	425	8.4	4.8

（2）氮肥施用量与双季晚稻（杂交晚稻）产量的关系
湖南省土壤肥料工作站 92 个晚稻（杂交稻）试验结果，无氮区的相对平均产量为 77.3%，变幅为 58.2%～103.6%，施氮肥能左右双季晚稻产量的 22.7% 以上，最大能左右产量的 41.8%。常年平均产量为 300 千克/亩时，最大施肥量为 12.1 千克/亩，最佳施肥量为 10.5 千克/亩；常年平均产量为 400 千克/亩时，最大施肥量为 11.3 千克/亩，最佳施肥量为 9.2 千克/亩；常年平均产量为 500 千克/亩时，最大

施肥量为 10.2 千克/亩，最佳施肥量为 7.3 千克/亩（表 2-16）。

表 2-16 氮肥施用量与双季晚稻（杂交晚稻）产量的关系

常年产量（千克/亩）	相应的无氮区产量（千克/亩）	施氮量（千克/亩）	
		最 大	最 佳
300	175	12.1	10.5
400	275	11.3	9.2
500	425	10.2	7.3

2. 磷肥施用量与双季稻产量的关系

（1）磷肥施用量与双季早稻（常规稻）产量的关系 湖南省土壤肥料工作站试验结果，当每亩施 P_2O_5 分别为 2 千克、4 千克、6 千克和 8 千克时，在速效磷含量小于 5 毫克/千克的土壤，分别比对照每亩增加稻谷 19 千克、35 千克、45 千克和 49 千克，增产率分别为 5.5%、10.1%、13.0%和 14.2%；在速效磷含量为 5～12 毫克/千克的土壤，分别比对照每亩增加稻谷 15 千克、27 千克、26 千克和 21 千克，增产率分别为 4.0%、7.1%、6.9%和 5.6%；在速效磷含量大于 12 毫克/千克的土壤，分别比对照每亩增加稻谷 7 千克、14 千克、14 千克和 55 千克，增产率分别为 1.7%、3.4%、3.4%和 13.4%（表 2-17）。

（2）磷肥施用量与双季晚稻（杂交稻）产量的关系 根据湖南省土壤肥料工作站统计 14 个杂交晚稻试验结果，当亩施 P_2O_5 分别为 2 千克、4 千克、6 千克和 8 千克时，双季晚稻（杂交稻）的产量分别为 397 千克、399 千克、402 千克和 399 千克，分别比对照每亩增加稻谷 12 千克、14 千克、17千克和14千克，增产率分别为3.12%、3.64%、4.42%和3.64%（表2-18）。

表2-17　磷肥施用量与双季早稻（常规早稻）产量的关系

土壤有效磷分级（毫克/千克）	磷肥施用量（折纯）（千克/亩）					试验个数
	0	2	4	6	8	
<5	346	365	381	391	395	5
5~12	378	393	405	404	399	9
>12	415	422	429	429	470	11

表2-18　磷肥施用量与双季晚稻（杂交晚稻）产量的关系

P_2O_5施用量（千克/亩）	磷肥施用量（折纯）（千克/亩）					试验个数
	0	2	4	6	8	
双季晚稻产量	385	397	399	402	399	14

3. 钾肥施用量与双季稻产量的关系

（1）钾肥施用量与双季早稻（常规稻）产量的关系　湖南省土壤肥料工作站试验结果，当亩施K_2O分别为2.5千克、5千克、7.5千克和10千克时，在速效钾含量小于65毫克/千克的土壤分别比对照每亩增加稻谷25千克、38千克、40千克和46千克，增产率分别为7.2%、11.0%、11.5%和13.3%；在土壤速效钾含量为65~125毫克/千克的土壤，分别比对照每亩增加稻谷13千克、20千克、24千克和24千克，增产率分别为3.4%、5.2%、6.2%和6.2%；在土壤速效钾含量大于125毫克/千克的土壤，分别比对照每亩增加稻谷12千克、15千克、29千克和24千克，增产率分别为2.9%、3.6%、6.9%和5.7%（表2-19）。

表 2-19 钾肥施用量与双季早稻（常规早稻）产量的关系

养分分级 （毫克/千克）	钾肥（K$_2$O）施用量（千克/亩）					试验 个数
	0	2.5	5	7.5	10	
<65	347	372	385	387	3 939	18
65～125	387	400	407	411	411	19
>125	420	432	435	449	444	6

（2）钾肥施用量与双季晚稻（杂交稻）产量的关系 湖南省土壤肥料工作站试验结果，当每亩施 K$_2$O 分别为 2.5 千克、5 千克、7.5 千克和 10 千克时，在土壤速效钾含量小于 65 毫克/千克的土壤，分别比对照每亩增产稻谷 83 千克、91 千克、102 千克和 106 千克，增产率分别为 25.3%、27.7%、31.1%和 32.3%；在土壤速效钾含量为 65～125 毫克/千克的土壤，分别比对照每亩增产稻谷 88 千克、105 千克、118 千克和 120 千克，增产率分别为 25.9%、30.9%、34.7%和 35.3%；在土壤速效钾含量大于 125 毫克/千克的土壤，分别比对照每亩增加稻谷 10 千克、23 千克、34 千克和 32 千克，增产率分别为 2.2%、5.1%、7.5%和 7.1%（表 2-20）。

表 2-20 钾肥施用量与双季晚稻（杂交晚稻）产量的关系

速效钾养分分级 （毫克/千克）	K$_2$O 施用量（千克/亩）					试验 个数
	0	2.5	5	7.5	10	
<65	328	411	419	430	434	27
65～125	340	428	445	458	460	15
>125	453	463	476	487	485	3

4. 硅对双季稻产量的影响　硅虽然不是植物生长发育的必需营养元素，但对水稻具有特殊作用，水稻体内的硅含量一般占干物质重量的 11%～20%。因此，水稻是典型的喜硅作物。第二次土壤普查结果，湖南省土壤中有效硅含量为 13～760 毫克/千克，平均为 156 毫克/千克，二氧化硅占土壤中硅含量的 60% 以上，其中 99% 是结晶态和不定形态，不能被作物吸收利用，能被作物吸收利用的有效硅含量极少。按照土壤缺硅临界值 95 毫克/千克划分，该省有 113.33 万公顷稻田土壤缺硅。作物吸收硅后形成硅化细胞，使茎叶挺直，提高光合作用，硅能使作物表层细胞壁加厚，角质层增加，既增强了作物对病虫害的抵抗能力，又增强了抗倒伏能力。全国化肥试验网 1987 年盆栽试验结果，平均每亩硅肥施用量分别为 10 千克、25 千克和 40 千克，平均每盆稻谷产量为 57.8 克、55.9 克和 53.9 克，分别比对照每盆增加产量 8.1 克、6.2 克和 4.2 克，增产率分别为 16.3%、12.5% 和 8.5%，经方差分析，增产效果达到极显著水平（表 2-21）。

表 2-21　不同硅肥用量的增产效果

处理	每盆有效穗数	每穗粒数（粒/穗）	千粒重（克）	结实率（%）	稻谷产量（克/盆）	稻草产量（克/盆）	增产率（%）
对照	29.3	63.2	24.8	82.2	49.7	41.3	—
施硅肥（10 千克/亩）	40.7	68.7	24.8	88.2	57.8 **	41.8	16.3
施硅肥（25 千克/亩）	39.0	71.2	24.7	81.6	55.9 **	41.8	12.5
施硅肥（40 千克/亩）	37.7	69.1	24.9	83.7	53.9 **	40.1	8.5

5. 锌对双季稻产量的影响　锌是水稻生长发育必需的营养元素，能促进碳酸分解，与作物光合、呼吸以及碳水化合物的合成、运转等过程有关。尽管水稻生长发育需要的微量元素很少，但产量受最小养分律支配，缺乏时影响水稻生长，产量难以提高。据湖南省土肥站统计，该省水稻土缺锌比较严重，平均含量为 1.15 毫克/千克，其中低于 1 毫克/千克的土壤占 37.1%。若以中国科学院南京土壤研究所提出的 0.5 毫克/千克作为缺锌临界值，则全省有 78.67 万公顷水稻土有效锌不足。湖南省土壤肥料研究所在不同类型的水稻土上进行水稻施用锌肥试验 200 多次，结果表明，由于各种土壤中有效锌的含量不同，施用锌肥效果不一，其中紫潮泥 74 次试验，增产的 69 次，占 93.2%，平均增产12.6%；紫泥田 33 个试验，有 29 个试验增产，平均增产10%；灰泥田平均增产 7.7%；以黄泥田、红黄泥等有效锌含量高的土壤，施用锌肥效果最差，56 个试验中有 42 个平产（表 2-22）。

表 2-22　不同土壤水稻施锌的效果

土属	有效锌含量（毫克/千克）	试验个数（个）	增产个数（n）	平均产量（千克/亩）		增产率（%）
				施锌处理（0.5 千克/亩）	对照	
紫潮泥	0.55	74	69	349	310	12.5
紫泥田	0.84	33	29	390.3	354.8	10.0
灰泥田	0.96	54	44	376	348.3	7.9
麻沙泥	1.06	7	4	366.2	372.2	5.1
黄泥田	1.48	56	14	401.8	393.9	2.0

（三）双季早稻栽培技术进展

1. 双季早稻软盘旱育抛秧技术

（1）秧盘选择　常用秧盘有 58 厘米×31.5 厘米，每盘 468 孔或 60.5 厘米×33 厘米，每盘 561 孔。每亩大田需 468 孔秧盘 45～48 个，561 孔的秧盘 38～42 个。

（2）选好床地　早、中稻育秧场地可选择菜地、空坪隙地或排水条件好的稻田。播种前用敌克松溶液消毒。

（3）营养土配制　选优质菜园土或优质稻田土，风干捣碎，过筛备用。取备用土 100 千克，加充分腐熟的优质有机肥 20 千克、硫酸铵 0.3 千克、磷酸二铵 0.2 千克、硫酸钾 0.2 千克、敌克松 10 克，充分混拌均匀。也可将化肥配成 600～800 倍溶液均匀喷洒，使营养土含水量达到"手捏成团，落地即散"的程度。用壮秧剂配制营养土方法简便（参见壮秧剂的使用方法）。

（4）摆盘播种　将床地杂物清除、整平，按宽 1.2～1.4 米，长 10 米做厢，用水田做苗床按通气秧田要求整地。苗床整好后，铺一层 2～3 厘米厚的泥浆，将秧盘挨紧摆到泥面并压入泥中，使盘与泥紧密相接，防止吊气死苗。播种前先将营养土填入盘孔 1/3～2/3 处，然后将破胸谷种分 3～4 次均匀撒播，最后用 10%～20% 的种谷补（点）播于空穴处。杂交稻每孔播 2～3 粒，常规稻播 4～5 粒芽谷。播后再用营养土填平盘孔，扫除软盘上的余土，防止串根。及时起拱盖膜。

（5）苗床管理　从播种至出苗，膜内温度控制在 35℃以内，超过 35℃揭开秧厢一端薄膜通气降温，并保持盘上湿润。为防止立枯病，每 100 米^2 秧床用敌克松 33 克对水

10 千克喷雾。出苗至一叶一心期，温度控制在 25℃ 左右，湿度以床土不发白为宜，喷施 200 毫克/升多效唑药液控制徒长。一叶一心以通气炼苗为主，膜内温度控制在 20℃ 左右，选择晴天下午或阴天揭开秧厢两端薄膜通气炼苗。到二叶一心时，选择阴天或晴天下午揭膜，揭膜时淋一次水，以防青枯死苗，若遇寒流，重新盖膜。抛秧前 4～5 天追施一次稀薄人畜粪水作送嫁肥，同时喷一次三环唑和杀虫双。

（6）适时抛秧　早稻从 3 叶 1 心开始就可以选好天气抛秧，一般要求早熟品种不超过 3.5 叶，杂交水稻不超过 4 叶，迟熟品种不超过 4.5 叶。

大田处于泥浆状态时，最适合抛撒秧苗。黏质土或壤土水耙后，要待沉浆后再抛秧；而砂质土则随耙随抛。一般分 3 次抛秧。第一次抛 70%，全田抛栽，第二次抛 20%，进行补稀，第三次抛 10%，进行补缺。然后每隔 3 米拣出一条宽 30 厘米的操作沟，便于农事操作。

（7）抛秧大田管理技术　抛秧后 2～3 天大田不灌水，以利早立苗。如遇大晴天，大田全干，即灌浅水；抛秧后如遇大雨，应将田水排干，防止积水漂苗。

由于抛秧稻在田间植株分布不匀，有许多空间，容易生长杂草，生长前期更盛。且抛秧田不便于人工除草，前期化学除草显得尤为重要。抛秧后 3～5 天结合灌水，每亩用 1.25 千克丁草胺拌细砂土 15 千克撒施，可大量杀除刚萌发的杂草幼芽。也可以每亩用杀草丹 0.33 千克，或禾大壮 0.2 千克，或派草津 0.13 千克与化肥混合撒施。施药（肥）后 5～7 天不排水，缺水补水。

其他管理措施同插秧田。

2. 双季早稻直播栽培技术

(1) 种子及种子处理

①品种选择。选用早、中熟，高产优质，耐寒、抗病、抗倒伏的品种。如株两优 819、早优 143、创丰 1 号等。

②种子质量。种子纯度不低于 96%，净度不低于 98%，发芽率不低于 85%，含水量不高于 13%。

③种子处理。用多菌灵 500~800 倍浸种。

(2) 浸种催芽　用 40℃ 左右的温水，浸泡种子 2~3 天，捞起沥干后催芽，至种子露白后（芽长 0.1 厘米）播种。

(3) 种子包衣　种子经晒种精选后，用浸种型水稻种衣剂或丸化型种衣剂包衣。如用浸种型水稻种衣剂"苗博士"包衣，浸种前，按种衣剂 10 毫升＋清水 10 毫升＋0.5 千克种子的比例均匀搅拌，使每粒种子着衣，然后摊开晾干或晒干，再浸种催芽。用丸化型种衣剂包衣，浸种 8 小时后用"强氯精"等药剂消毒 10~12 小时，将浸好的谷种捞起用清水冲洗，然后晾干 3~5 小时（详见丸化型种衣剂使用说明书）。

(4) 翻耕整地　播种前 1~3 天，耕深以 18~25 厘米为宜。对土壤肥力高，耕层厚，基肥施用量大，耕深可达 20~26 厘米，反之则宜浅。按 2.5~3 米开沟分厢，沟宽 20~25 厘米，将沟泥均匀撒在厢面上，耥平后播种。同时开好围沟，保持排水畅通。

(5) 播种期　日平均温度稳定通过 12℃，4 月上旬抢冷尾暖头播种。

(6) 播种量　每亩大田常规稻用种量 4~6 千克，杂交稻 2~3 千克。

(7) 播种　分厢过秤均匀播种，播种后用扫把或塌板拍一拍，将芽谷压入泥土，与土壤紧密接触，促使竖芽扎根。

（8）塌谷 将露在表土上层的谷种轻压入土。

（9）晒田 将田水排干或自然落干。

（10）化学除草 在早稻直播后 2～4 天，选用丙草胺类芽前除草剂进行化学除草。如每亩用 30％扫氟特乳油 100 毫升或 40％直播净可湿性粉剂 20 克对水 60 千克喷雾。在秧苗三叶一心期，采用五氟磺草胺类等茎叶除草剂，如每亩用 2.5％稻杰乳油 40～60 毫升或 10％千金子乳油 60 毫升或 25％杀稗王可湿性粉剂 50～60 克对水 60 千克喷施，将稗草消灭在一叶一心期。

注意：采用化学除草的直播早稻，稻种必须催芽长根，播种后泥浆塌谷，第一次施用除草剂时，厢面平整有泥皮水，施药后保持厢面湿润不干裂。第二次施药田间有浅水，喷雾器的雾化程度越高其效果越好。施药要选择在晴天进行，喷药要均匀，不能漏喷，施药后保持水层 4～5 天。若喷药后 4 小时内下雨，要根据实际情况补喷。

（11）查苗补缺 从二叶期开始人工补苗，疏密补稀，可陆续补苗到五叶期，促进平衡生长。

（12）水分管理 播种后至三叶期应保持田面湿润，以畦面不开裂为度，若遇寒潮，宜灌水护苗，同时撒草木灰防寒。分蘖期灌 2 厘米薄水层促分蘖。当每亩苗数达 24 万～26 万时，或时间已到 5 月 10 日，应立即露田晒田，控制无效分蘖。促进根系下扎和壮秆健株，提高分蘖。

（13）防治病虫害 农业防治：通过选用抗病虫害强的品种，采用健身栽培等农艺措施，增强抗病虫害能力；物理防治：每 40 亩稻田安装一盏频振式杀虫灯，诱杀成虫，减少喷农药；病害防治：稻瘟病：叶稻温、穗稻温发病初期，每亩用 20％三环唑可湿性粉剂 120 克或 30％稻瘟灵乳油 120 毫升对水 60 千克喷雾 1～2 次；纹枯病：发病率 30％时，每亩用 20％井冈霉素可溶性粉剂 50～62.5 克对水 60 千克喷雾 1～2 次；虫害防治：二化螟：分蘖期，当枯鞘率达 5％～10％，穗期上代残虫加权平均每亩有 300～500 条二龄前幼虫，每亩用 18％杀虫双水剂 250 毫升或 90％杀虫单可溶性粉剂 50～75 克或 20％三唑磷乳油 120 毫升对水 60 千克均匀喷雾。三化螟：分蘖期，每亩有三化螟卵块 50 块、穗期有卵块 40 块时，每亩用 20％三唑磷乳油 120 毫升或 20％丁硫百克威乳油 200～250 毫升对水 60 千克均匀喷雾。稻飞虱：穗期当百丛稻飞虱虫量达 1 500～2 000 只时，每亩用 10％吡虫啉可湿性粉剂 20 克或 25％扑虱灵可湿性粉剂 20～30 克对水 60 千克，针对稻株中下部均匀喷雾。稻纵卷叶螟：在水稻分蘖期，百蔸大于 50 条二、三龄幼虫，孕穗期百蔸二、三龄幼虫 30～40 条，每亩用 48％乐斯本（毒死蜱）乳油 80 毫升或 8 000IU/毫升苏云金杆菌可湿性粉剂 200～300 克对水 60 千克均匀喷雾。

3. 双季晚稻免耕抛秧高产栽培技术

（1）选用优良品种　以中熟品种金优 207、丰优 299 为主，并根据品种熟期情况搭配种植迟熟品种丰优 272、威优 46、湘晚籼 13 号等，经过精选后在播种前进行发芽率试验，发芽率必须达到 95％以上。

（2）种子消毒处理和适时播种　播种前进行种子消毒处理，可以先用强氯精浸种 12 小时后洗干净种子，再用 80～100 毫克/升的烯效唑溶液浸种 24 小时催芽后播种，或者用种子包衣剂包衣后浸种催芽后播种。湿润育秧适宜播种期中熟品种在 6 月 20～23 日，迟熟品种在 6 月 15～18 日，秧龄

25~30 天。塑盘育秧相应提早 5~7 天，秧龄 20~25 天，杂交稻播种量湿润育秧为 20 克/米²，塑盘 22~25 克/盘（353 孔/盘或 308 孔/盘），大田用种量约 1.5 千克/亩，争取移栽前秧苗带蘖。

（3）秧田施肥与秧田管理　基肥每亩施 20 千克复合肥［氮 16%：磷（P_2O_5）6%：钾（K_2O）7%］，在播种前 1~2 天，即在耙田或耖田时施入。塑盘育秧则在播种前装拌有多功能壮秧剂的营养土后播种。在秧苗二叶一心期，每亩施 5 千克尿素，促进分蘖发生和生长。拔秧前 4 天，每亩施 5 千克尿素，作起身肥。出苗前采用湿润灌溉。如果在播种前没有采用烯效唑溶液浸种，或者没有用包衣剂包衣的种子，出苗后一叶一心期在秧厢无水条件下每亩喷施 300 毫克/升多效唑（即每亩秧田用 15% 的多效唑 200 克，对水 100 千克）溶液，喷施后 12~24 小时灌水，以控制秧苗苗高，促进秧苗分蘖。病虫防治方面要注意防治稻飞虱、稻瘟病、稻二化螟、稻蓟马等。

（4）精细整地，培肥地力　精细整地，是水稻高产的重要技术环节。通过合理耕作、增施有机肥、秸秆还田等措施提高土地质量，搞好水分管理。

（5）宽行密株插秧　适宜移栽时间在播种后 25~30 天，或者在秧苗 6~7 叶期移栽，秧龄期最迟不超过 30 天，即最迟在秧苗 8 叶期以前移栽，塑盘秧相应提早。在早稻收割后每亩用克无踪 250 毫升，对水 36 千克在无水条件下均匀喷施，杀除稻茬和杂草，再泡田 1~2 天软泥后抛栽。抛栽分两次进行，第一次抛 70% 左右，第二次抛 30%，抛栽后分厢留走道，厢宽约 3 米。移栽（或抛栽）密度为每平方米 25 穴左右（每亩 1.7 万蔸），每穴插 2 本苗，一般株行距为

20 厘米×20 厘米。最好在每平方米不少于 25 穴的前提下，采用宽行窄株，即 17 厘米×27 厘米移栽，即行距可以适当增大，株距可以相应缩小，这样有利于控制株高，提高成穗率，减少纹枯病和其他病虫害的发生几率。

（6）间歇好气灌溉　间歇好气灌溉就是指干湿灌溉。当茎蘖数达到计划穗数的 85% 或者每亩达到 20 万苗左右时（约每穴 10~12 个茎蘖）开始轻晒田，以泥土表层发硬（俗称"木皮"）为度，营养生长过旺的适当重晒田。打苞期以后，采用干湿交替灌溉，至成熟前约 10 天断水。

（7）氮磷钾平衡施用和氮肥后移　根据测土配方施有肥确定的目标产量、土壤供肥能力和肥料养分利用率，因地制宜决定肥料用量，做到氮肥、磷肥和钾肥的平衡施用。

（8）综合防治病虫草害　播种时用 35% 好安威拌种能有效控制秧田期虫害的发生，在秧田期拔秧前 3~5 天喷施一次长效农药，秧苗带药下田。一般可选用乐斯本、扑虱灵等。其中，杂草的防除每亩用丁·苄 100~120 克，对水 30 千克喷施，其他移栽稻除草剂，或者抛栽稻除草剂等，均可拌肥，于分蘖期施肥时撒施并保持浅水层 5 天左右，防治杂草。

4. 双季晚稻免耕覆盖高产栽培技术

（1）保持早稻田后期土壤湿润　由于早稻收割后稻田不耕而直接插晚稻，故要求早稻落水晒田后，保持土壤湿润到早稻成熟，有利于栽插晚稻。如果早稻成熟后期田间缺水，收割早稻后，要求立即将稻田晒干，之后再灌深水和施肥，经过 2 天后干燥的土壤会变软、变烂，也便于插秧。

（2）及早除净杂草　稻草覆盖田面后，由于前期稻草尚未腐烂，如进行晚稻中耕则难度较大，故要求早稻秧苗成活后，每亩稻田用尿素 5 千克加除草剂追施，消灭杂草，为晚稻不中耕奠定基础。早稻追肥除草一般在插后 5 天左右进行，施用除草剂时应注意：在早稻秧苗返青以后施用；切忌过量施用；不能灌水太深，即不能淹没禾苗心叶；应选择比较安全的除草剂，如克草丹、精克草星、庄稼汉、抛禾好等。同时，早稻收割后，也可用"克芜踪"除草，在田间无水时，每亩稻田用克芜踪 250 毫升对水 60 千克在下午 4 时左右施用，隔 24 小时后，田间即灌水，紧接着进行施肥、铺草，这样可全部杀死田间杂草，防止早稻再生苗的发生。

（3）浅留稻桩　收割早稻时，要求齐泥割稻，防止插秧时刺手，并可降低再生苗萌发率。

（4）鲜草及时还田　早稻收割后，要尽快撒施鲜稻草并灌深水，防止晒干稻草，而不利于稻草腐烂。稻草覆盖要均匀，切忌成堆。

（5）施足基肥　晚稻插秧时气温高，禾苗发根快，有效分蘖终止早，应重施基肥，前期早施追肥，以加快分蘖，增加有效穗。也可将基肥推迟至插秧后两三天施用。基肥每亩用 25% 复混肥 50～60 千克，施肥时田中要有 3.3 厘米左右深的水层；追肥一般在插秧后 10～15 天进行，每亩用尿素 10～12 千克加氯化钾 5 千克拌匀撒施。由于稻草腐烂分解后供给晚稻中后期所需养分，一般可不施穗肥和粒肥，如禾苗长势较差可酌情施用穗肥。

（6）深水插秧　早稻收割后，田间速灌深水（4～6 厘米深），一则防止鲜稻草晒干；二则有利于肥料的溶解，防止养分损失，提高肥料利用率；三则有利于禾苗在高温气候条件下及早返青。

（7）合理密植　免耕栽培结合稻草覆盖增加了插秧难

度，因而可比耕稻田适当稀植。一般耕层深厚、肥力水平高、施肥较多的稻田，以种植生育期较长的迟熟杂交晚稻品种为宜，每亩插 1.2 万～1.5 万蔸，每蔸插七八根苗。若施肥水平不高，稻田耕层较浅，土壤供肥力弱，以种植中熟杂交晚稻品种为宜，每亩稻田插 1.5 万～1.7 万蔸，每蔸插足基本苗 6～8 苗。一般每亩稻田要保证基本苗 10 万～12 万苗。

（8）适时露田　插秧后 10 天左右，一般禾苗已返青，此时应落水搁田 1 次，排除稻草腐烂时产生的有害物质，增加土壤的通透性能，更新土壤空气，以利稻根下扎，防止僵苗。

（9）及早防治病虫害　稻草覆盖，晚稻免耕遗留田间的病虫多，如水稻纹枯病、稻飞虱、二化螟、大螟和稻纵卷叶螟等，如不及早防治，有可能对晚稻造成大的危害。防治纹枯病一般每亩用 5% 的井冈霉素水剂 200 毫升对水 40 千克喷施；防治稻飞虱一般每亩用吡虫啉 20 克对水 40 千克喷施；防治二化螟、大螟和稻纵卷叶螟等害虫，一般每亩用杀虫双 200 毫升或 20% 特杀螟乳油 90 毫升对水 40 千克喷施。

（10）抓好田间管理　双季晚稻免耕覆盖栽培因不进行耕作，收割早稻时落在田里的谷粒易萌发成苗，与晚稻争水争肥，影响晚稻产量。故在晚稻插秧后 10～15 天施追肥时应进行除杂扯草，但不进行中耕，只将杂草和杂苗扯除干净即可。覆盖在泥面的稻草在插秧后 10 天左右开始腐烂，到插秧后 22 天左右，大部分稻草已基本腐烂，此时有效分蘖已中止，应结合中耕将未完全腐烂的稻草踩入泥中。

5. 双季晚稻高产栽培集成技术

（1）适时精量播种，培育壮苗　在确保双季晚稻安全齐穗的前提下，根据品种或组合生育特性安排适宜播种期和移栽期，秧龄控制在25～30天。杂交水稻播种量一般为8千克/亩左右，用种量在0.6～0.8千克/亩，确保移栽秧苗带蘖率和带蘖数高。在精量播种的基础上，配合浅水灌溉，早施分蘖肥，化学调控，病虫草防治等措施，达到苗匀、苗壮，秧田在4叶期左右看苗施一次平衡肥，并在移栽前3～4天施起身肥。

秧田期施肥应以秧苗不披叶为基准，提高秧苗叶片的含氮量。由于秧田期追肥易造成秧苗吸肥大起大落，叶片生长过旺的现象。因此，应适当增加基肥用量。水稻4叶1心期开始分蘖，在2叶1心期应施氮肥，确保4叶1心叶片含氮量达到4%左右。由于前期施肥和秧田肥力的不均一性往往造成秧苗生长的不平衡，因此，在4叶期左右，根据秧苗生长情况施平衡肥。在移栽前3～5天，应施起身肥，促进新根发生，使拔秧时伤苗轻栽后返青快。

中等肥力的秧田，一般基肥每亩施20千克复合肥（N：P_2O_5：K_2O为15：15：15），基肥应在做毛秧板时施入，以防烂种，影响成苗率。在2叶1心期每亩施5千克尿素，促进分蘖发生和生长。约在4叶期每亩施3～5千克尿素，促进秧苗平衡生长。在拔秧前4天，每亩施8千克尿素，作起身肥。

（2）宽行稀植，定量控苗 杂交水稻栽培密度为19～20丛/米²，株距18厘米左右，行距在28厘米左右。这样有利于控制株高，提高成穗率，减少纹枯病发生几率。一般每丛插单本，如单株带蘖少的可插双本，确保每丛5个茎蘖。

（3）好气灌溉，发根促蘖 在整个水稻生长期间，除水分敏感期和用药施肥时采用间歇浅水灌溉外，一般以无水层或湿润灌溉为主，使土壤处于富氧状态，促进根系生长，增强根系活力。要坚持浅水插种活棵，薄露发根促蘖，到施分蘖肥时要求田面无水，结合施肥灌浅水，达到以水带肥的目的。当杂交水稻茎蘖数达到每亩 16 万时（约每丛 12 个茎蘖）开始多次轻搁田，每亩最高苗控制在 25 万左右，营养生长过旺的适当重搁田。倒 2 叶龄期采用干湿交替灌溉，以协调根系对水、气的需求，直至成熟。

在水稻分蘖期开好排水沟，实施好气灌溉，增加土壤含氧量，改善水稻生长的土壤环境，促进根系生长和深扎，提高根系活力。通过根系生长调节，提高肥料的利用率，提高结实率和充实度。降低田间水分的灌溉量和排放量，有效控制化肥农药随水流排出污染环境。

（4）综合防治，降低病虫草发生　福建双季晚稻区，水稻生长期间高温高湿，传统水稻栽培如果不适时防治，水稻纹枯病就会发生，有的田块甚至大爆发严重影响产量。水稻高产栽培集成技术种植行距比较宽，密度比较稀，群体通风透光效果好，一般发病较轻。稻飞虱、稻纵卷叶螟、螟虫对晚稻的危害较重，需要重点防治。水稻栽培，在时间和空间上实行与其他作物的水、旱轮作、间作，能有效地减轻多种病、虫害。这样就能从种植制度上减少病虫害的发生。

晚稻秧田期间重防稻蓟马，在秧田期拔秧前 3～5 天喷施一次长效农药，秧苗带药下田。大田期要重点防治二化螟、稻纵卷叶螟和稻飞虱，认真搞好田间病、虫测报；根据病、虫发生情况，严格掌握防治指标，确定防治田块和防治适期，对以上虫害的防治具有重要的意义。在农药的选择上，生物农药一般对目标害虫有较强的选择性，但速效性不是太好，一般可选用乐斯本、扑虱灵等。杂草的防除每公顷用丁·苄 1 500～1 800 克或其他除草剂拌肥，于分蘖期施肥时撒施并保持浅水层 5 天左右，防治杂草。

第三章 双季稻测土配方
施肥技术

一、测土配方施肥的含义

测土配方施肥是综合运用现代农业科技成果，根据作物需肥规律，土壤供肥性能与肥料效应，在有机肥为基础的条件下，产前提出氮、磷、钾和微量元素肥料的适宜用量和比例，以及相应的施肥技术。

测土配方施肥的内容包含着"配方"和"施肥"两个程序。"配方"犹如医生看病，对症处方。其核心是根据不同土壤供肥性能和作物需肥规律，产前定肥、定量，即根据确定的目标产量对肥料养分的需求，确定作物需要的氮、磷、钾，根据土壤养分的测试值计算土壤供肥情况，科学计算氮、磷、钾肥料的适宜用量。如果土壤缺少某一微量元素或作物对某种微量元素反应敏感，要有针对性地适量施用这种微量元素肥料。肥料配方必须包括一定数量的有机肥料，以保持地力常新。"施肥"的任务是肥料配方在农业生产中的应用，保证目标产量的实现。根据配方确定的肥料品种、用量和土壤、作物的特性，结合当地的高产栽培技术，合理安排基肥和追肥比例，施用追肥的次数、时期、用量和施肥技术，使肥效得到发挥，满足作物对养分的需要。

1. 按常年产量确定氮肥　其理论依据是：①无氮区（即磷钾区）的产量可作为土壤氮肥力的指标；②试验研究结果表明，无氮区产量与全肥区产量（即常年产量）极为相关；③根据氮肥用量试验资料，以无氮区产量水平等差分级（50千克为一级）得出各级产量水平下的氮肥效应方程及其最大、最佳施肥量；④由于无氮区产量与全肥区产量极相关，则可将无氮区各级产量水平的最大、最佳施氮量换算成相应的全肥区产量（即常年产量）的最大、最佳施氮量，据此制定氮肥用量检索表，农民在施肥的时候，只要在氮肥用量检索表中找到自己责任田的常年产量，就可以知道最佳施肥量。

2. 测土施磷、钾　以湖南省养分丰缺指标法为例，磷、钾用量的确定是建立在土壤测试的基础上。根据相关研究，采用0.5摩尔/升碳酸氢钠溶液（pH8.5）浸提土壤的速效磷，1摩尔/升中性醋酸铵溶液浸提土壤的速效钾，作为磷、钾养分的测试方法。以校检研究划分的丰、中、缺指标和相应的肥效试验结果确定施用量。土壤中速效五氧化二磷含量分别为<5毫克/千克、5～12毫克/千克和>12毫克/千克时，早稻五氧化二磷的施用量分别为4千克/亩、2.5千克/亩和0千克/亩。晚稻均不施磷肥。土壤中速效氧化钾含量分别为<65毫克/千克、65～125毫克/千克和>125毫克/千克时，早稻氧化钾的施用量分别为6千克/亩、4.5千克/亩和3千克/亩，晚稻氧化钾的施用量分别为6.5千克/亩、5千克/亩和3.5千克/亩。

3. 针对性施用微肥　尽管作物生长发育需要的微量元素很少，但作物产量受最小养分律支配，缺乏时影响作物生长，产量难以提高。湖南省水稻土中缺锌较为严重，平均含

量只有 1.15 毫克/千克，其中低于 1 毫克/千克土壤占
37.1%，低于 0.5 毫克/千克的土壤占 23.6%。测土配方施
肥时，对低于 1 毫克/千克的土壤要用 0.2～0.3 千克/亩硫
酸锌拌泥浆蘸秧根或在水稻秧苗期和移栽返青后分别用硫酸
锌 200 克对水 50 千克/亩叶面喷施；对低于 0.5 毫克/千克
的土壤，除了采取蘸秧根和叶面喷施外，还应在插秧前用硫
酸锌 0.5～1 千克/亩作基肥施用。

4. 施足有机肥料 据试验研究，当有机氮占施氮总量
的 40% 以上时，土壤有机质含量才能明显上升。测土配方
施肥时，有机肥施用量要达到 1 500 千克/亩以上的标准有
机肥（按有机氮含量 0.35% 计算）。有机肥中的氮素应在总
氮量中减去，由于有机氮的当季利用率只有尿素氮的一半，
因此只能从总氮量中扣除有机肥含氮量的一半。有机肥中的
磷、钾不必在磷、钾总量中减去。但以 50% 稻草（约干稻
草 150 千克/亩）还田的，要从总用钾量中减去 3 千克/亩氧
化钾。

二、测土配方施肥的基本原理

测土配方施肥的特点是考虑作物、土壤、肥料体系的相
互联系，它标志着我国施肥技术的改革发展到一个新的阶
段，达到一个新的水平。测土配方施肥的理论依据主要有以
下几个方面。

1. 作物增产曲线证实了肥料报酬递减的客观存在 对
某一作物品种的肥料投入量应有一定的限度。在缺肥的中、
低产地区，施用肥料的增产幅度大，而高产地区，施用肥料
的技术要求则比较严格。肥料的过量投入，不论是哪类地

区，都会导致肥料效益下降以致减产的后果。因此，确定最经济的肥料用量是测土配方施肥的核心。

2. 作物生长所必需的多种营养元素之间都有一定的比例 有针对性地解决限制当地产量提高的最小养分，协调各营养元素之间的比例关系，纠正过去单一施肥的偏向，实行氮、磷、钾和微量元素肥料的配合施用，发挥诸养分之间的互相促进作用，是测土配方施肥的重要依据。

3. 在养分归还（补偿）学说的指导下，测土配方施肥体现了解决作物需肥与土壤供肥的矛盾 作物的生长，不但消耗土壤养分，同时也消耗土壤有机质。因此，正确处理好肥料（有机与无机肥料）投入与作物产出、用地与养地关系，是提高作物产量和改善品质，也是维持和提高土壤肥力的重要措施。

4. 测土配方施肥是一项综合性技术体系 测土配方施肥虽然以确定不同养分的施肥总量为主要内容，但为了发挥肥料的最大增产效益，施肥必须与选用良种、肥水管理、耕作制度、气候变化等影响肥效的诸因素相结合，形成一套完整的施肥技术体系。

三、测土配方施肥的技术路线与内容

按照《测土配方施肥技术规范》，围绕"测土、配方、配肥、供肥、施肥指导"五个环节开展十一项工作。

1. 野外调查 在整理收集有关资料的基础上，在采集土样的同时，组织进行项目实施区取样地块农户施肥情况和土壤立地条件调查，掌握项目区基本农田土壤立地条件与施肥管理水平。

2. 采样测试　在项目实施区域内统筹规划，按照山区每2～5公顷耕地一个样、丘陵区每3～6公顷耕地一个样、平湖区每6～12公顷耕地一个样的采样密度科学布点并采集土样，根据需要采集植株样和水样。在此基础上，进行分析化验，为制定配方和田间试验提供基础数据。续建项目县按照推广面积，在上年取样的基础上，同比增加土样采集点密度。各项目县（市、区、单位）选择有代表性的采样点，对测土配方施肥效果进行跟踪监测调查，其中国家级耕地土壤监测点按农业部《耕地土壤监测规程》要求操作。

3. 田间试验　每年在1～2种主要作物上按照目标任务规定的试验数量安排田间小区试验和校正试验，试验点按高、中、低肥力水平均匀分布。通过田间小区试验和校正试验，摸清土壤养分校正系数、土壤供肥量、农作物需肥规律和肥料利用率等基本参数，对比测土配方施肥的效果，验证和优化肥料配方，建立不同施肥分区主要作物的氮磷钾肥料效应模型，验证中、微量元素肥料效果，确定作物合理施肥品种和数量，基肥、追肥分配比例，最佳施肥时期和施肥方法，建立施肥指标体系，为配方设计、施肥建议卡制定和施肥指导提供依据。续建项目县要根据各地实际，适当安排有关田间试验，校正施肥指标体系和施肥配方。

4. 配方设计　组织有关专家，汇总分析土壤测试和田间试验数据结果，根据气候条件、土壤类型、作物品种、产量水平、耕作制度等差异，合理划分施肥类型区。审核测土配方施肥参数，建立施肥模型，分区域、分作物制定肥料配方和施肥建议卡。

5. 配肥加工　依据配方，以单质、复混肥料为原料，生产或配制配方肥。农民按照施肥建议卡所需肥料品种，选用肥料，科学施用；招标认定肥料企业按配方加工生产配方肥，建立肥料营销网络和销售台账，向农民供应配方肥。各地要结合当地实际，探索配方肥供应有效模式，扩大配方肥施用面积。

6. 示范推广　针对项目区农户地块养分和作物种植状况，建立信息发布制度，按季节发布测土配方施肥信息，组织项目区各乡（镇）农技人员和村委会逐户发放测土配方施肥建议卡。建立测土配方施肥示范区，展示测土配方施肥技术效果，带动并引导农民应用测土配方施肥技术。

7. 宣传培训　采取广播、电视、报刊、明白纸、现场会、讲师团等形式，加强对农技人员、肥料生产企业和经销商的培训，提高技术服务能力，将测土配方施肥技术宣传到村、培训到户、指导到田，普及科学施肥知识，使广大农民逐步掌握合理施肥量、施肥时期和施肥方法。

8. 数据库建设　以野外调查、农户施肥状况调查、田间试验和分析化验数据为基础，收集整理历年土壤肥料田间试验和土壤监测数据资料，按照规范化的测土配方施肥数据字典和汇总软件要求，运用计算机技术、地理信息系统（GIS）和全球卫星定位系统（GPS），建立测土配方施肥数据库。

9. 耕地地力评价　充分利用外业调查和分析化验等数据，结合第二次土壤普查、土地利用现状调查等成果资料，并按照各项目县年度工作目标要求，开展耕地地力评价工作，完成相应项目任务。

10. 效果评价　通过项目区施肥效益动态监测和农民反馈的信息进行综合分析，客观评价测土配方施肥实际效果，不断完善管理体系、技术体系和服务体系。跟踪调查了解农民施肥情况，及时汇总上报肥料需求和使用信息。

11. 技术研发 重点开展田间试验、土壤养分测试、肥料配方、数据处理、专家咨询系统等方面的技术研发工作，不断提升测土配方施肥技术水平。

四、土壤样品的采集与制备

(一) 土壤样品的采集

1. 前期准备 采样前，每位采样人员都要熟悉掌握采样方法和技术要求，了解采样区域农业生产情况。收集采样区域土壤图、土地利用现状图、行政区划图等资料，绘制样点分布图，根据代表性、典型性、均匀性、全覆盖的原则，制订采样工作计划，准备 GPS、采样工具、采样袋（布袋、纸袋或塑料网袋）、采样标签等。采样点的确定应统筹规划，在采样前，综合土壤图、土地利用现状图和行政区划图，并参考第二次土壤普查采样点位图确定采样点位，形成采样点位图。实际采样时严禁随意变更采样点，若有变更须注明理由。其中，用于耕地地力评价的土样样品采样点在全县范围内布设，采样数量应为总采样数量的 10%～15%，但不得少于400 个，并在第一年全部完成耕地地力评价的土壤采样工作。

2. 采样单元 根据土壤类型、土地利用、耕作制度、产量水平等因素，将采样区域划分为若干个采样单元，每个采样单元的土壤性状要尽可能均匀一致。平均每个采样单元为 100～200 亩，其中平原区每 100～500 亩采 1 个样，丘陵区每 30～80 亩采 1 个样。为便于田间示范跟踪和施肥分区，采样集中在位于每个采样单元相对中心位置的典型地块（同一农户的地块），采样地块面积在 1 亩以上。有条件的地区，可以农户地块为土壤采样单元。采用 GPS 定位，记录经纬度，精确到 0.1″。

3. 采样时间　统一在晚稻收获后、下季作物施肥前集中采样。

4. 采样周期　同一采样单元，无机氮及植株氮营养快速诊断每年采集 1 次；土壤有效磷、速效钾等一般 2～3 年采集 1 次；中、微量元素一般 3～5 年采集 1 次。

5. 采样深度　统一为 0～20 厘米全层采样。

6. 采样点数量　要保证足够的采样点，使之能代表采样单元的土壤特性。采样必须多点混合，每个样品取 15～20 个样点。

7. 采样路线　采样时应沿着一定的线路，按照"随机"、"等量"和"多点混合"的原则进行采样。一般采用 S 形布点采样。在地形变化小、地力较均匀、采样单元面积较小的情况下，也可采用"梅花"形布点取样。要避开路边、田埂、沟边、肥堆等特殊部位。

8. 采样方法　所有样品都应采用不锈钢取土器采样。每个采样点的取土深度及采样量应均匀一致，土样上层与下层的比例要相同。取样器应垂直于地面入土，深度相同。

9. 样品量　混合土样以取土 1 千克左右为宜（用于推荐施肥的 0.5 千克，用于田间试验和耕地地力评价的 2 千克以上，长期保存备用），可用四分法将多余的土壤弃去。方法是将采集的土壤样品放在盘子里或塑料布上，弄碎、混匀，铺成正方形，划对角线将土样分成四份，把对角的两份分别合并成一份，保留一份，弃去一份。如果所得的样品依然很多，可再用四分法处理，直至所需数量为止。

10. 样品标记　采集的样品放入统一的样品袋，用铅笔写好标签，内外各一张（采样标签样式见表 3-1）。

表 3-1　土壤采样标签

统一编号：（和农户调查表编号一致）　　　　邮编：
采样时间：　年　　月　　日　　时
采样地点：　省　地　县　乡（镇）　村　地块　农户名：
地块在村的（中部、东部、南部、西部、北部、东南、西南、东北、西北）
采样深度：①0～20 厘米②　　厘米（不是①的，在②填写）该土样由　点混合（规范要求 15～20 点）
经度：　度　分　秒　纬度：　度　分　秒
采样人：　　　　联系电话：

（二）土壤样品的制备

1. 新鲜样品　某些土壤成分如二价铁、硝态氮、铵态氮等在风干过程中会发生显著变化，必须用新鲜样品进行分析。为了能真实反映土壤在田间自然状态下的某些理化性状，新鲜样品要及时送回室内进行处理分析，用粗玻璃棒或塑料棒将样品混匀后迅速称样测定。新鲜样品一般不宜贮存，如需要暂时贮存，可将新鲜样品装入塑料袋，扎紧袋口，放在冰箱冷藏室或进行速冻保存。

2. 风干样品　从野外采回的土壤样品要及时放在样品盘上，摊成薄薄一层，置于干净整洁的室内通风处自然风干，严禁暴晒，并注意防止酸、碱等气体及灰尘的污染。风干过程中要经常翻动土样并将大土块捏碎以加速干燥，同时剔除侵入体。风干后的土样按照不同的分析要求研磨过筛，充分混匀后，装入样品瓶中备用。瓶内外各放标签一张，写明编号、采样地点、土壤名称、采样深度、样品粒径、采样日期、采样人及制样时间、制样人等项目。制备好的样品要妥善贮存，避免日晒、高温、潮湿和酸碱等气体的污染。全部分析工作结束，分析数据核实无误后，试样一般还要保存3～12个月，以备查询。"3414"试验等有价值、需要长期保存的样品，须保存于广口瓶中，用蜡封好瓶口。

（1）一般化学分析试样 将风干后的样品平铺在制样板上，用木棍或塑料棍碾压，并将植物残体、石块等侵入体和新生体剔除干净。细小已断的植物须根，可采用静电吸附的方法清除。压碎的土样用2毫米孔径筛过筛，未通过的土粒重新碾压，直至全部样品通过2毫米孔径筛为止。通过2毫米孔径筛的土样可供pH、盐分、交换性能及有效养分等项目的测定。将通过2毫米孔径筛的土样用四分法取出一部分继续碾磨，使之全部通过0.25毫米孔径筛，供有机质、全氮、碳酸钙等项目的测定。

（2）微量元素分析试样 用于微量元素分析的土样，其处理方法同一般化学分析样品，但在采样、风干、研磨、过筛、运输、贮存等环节，不要接触容易造成样品污染的铁、铜等金属器具。采样、制样推荐使用不锈钢、木、竹或塑料工具，过筛使用尼龙网筛等。通过2毫米孔径尼龙筛的样品可用于测定土壤有效态微量元素。

（3）颗粒分析试样 将风干土样反复碾碎，用2毫米孔径筛过筛。留在筛上的碎石称量后保存，同时将过筛的土壤称重，计算石砾质量百分数。将通过2毫米孔径筛的土样混匀后盛于广口瓶内，用于颗粒分析及其他物理性状测定。若风干土样中有铁锰结核、石灰结核或半风化体，不能用木棍碾碎，应首先将其细心拣出称量保存，然后再进行碾碎。

（三）植物样品的采集与制备

1. 采样要求 植株样品分析结果的可靠性，受样品数量、采集方法及植株部位影响。因此，采集的样品应具有代表性（采集样品能符合群体情况，采样量一般为 1 千克）、典型性（采样的部位能反映所要了解的情况）、适时性（根据研究目的，在不同生长发育阶段，定期采样，双季稻一般在成熟后收获前采集子实部分及秸秆；发生偶然污染事故时，在田间完整地采集整株植株样品）。

2. 样品采集 由于双季稻生长的不均一性，一般采用多点取样，避开田边 2 米，按"梅花"形（适用于采样单元面积小的情况）或 S 形采样法采样。在采样区内采取 10 个样点的样品组成一个混合样。采样量根据检测项目而定，子实样品一般 1 千克左右，装入纸袋或布袋。要采集完整植株样品可以稍多些，约 2 千克，用塑料纸包扎好。

3. 样品处理与保存 采集的双季稻子实样品应及时晒干脱粒，充分混匀后用四分法缩分至所需量。为了防止样品变质、虫咬，需要定期进行风干处理。将稻壳剥除后制成糙米，使用不污染样品的工具将子实粉碎，用 0.5 毫米筛子过筛制成待测样品。测定重金属元素含量时，不要使用能造成污染的器械。完整的稻株样品应先洗干净，根据作物生物学特性差异，采用能反映特征的植株部位，用不污染待测元素的工具剪碎样品，充分混匀用四分法缩分至所需的量，制成鲜样或于 60℃ 烘箱中烘干后粉碎备用。

五、基于常规分析方法的土壤养分测试

1. 土壤 pH 测定（电位法）

2. 土壤有机质测定（重铬酸钾氧化—外加热法）

3. 土壤水解性氮测定（碱解扩散法）

4. 土壤有效磷测定（Olsen 法和 Bray 1 法）

5. 土壤速效钾测定（1.0 摩尔/升 NH₄OAc 浸提—火焰光度法）

六、测土配方施肥技术指标体系建立

1. 求算测土配方施肥相关技术参数

（1）基础地力产量

基础地力产量＝空白区产量（既不施化肥也不施有机肥）

（2）基础地力贡献率

基础地力贡献率＝空白产量/全肥区产量×100%

　　　　　　　　＝处理 1（湖南省的"3415"试验为处理 15）产量/处理 6 产量×100%

（3）相对产量

相对产量＝缺肥区产量/全肥区产量×100%

无 N 区相对产量＝处理 2 产量/处理 6 产量×100%

无 P 区相对产量＝处理 4 产量/处理 6 产量×100%

无 K 区相对产量＝处理 8 产量/处理 6 产量×100%

（4）养分吸收量　需要计算无 N 区（处理 2）N 的吸收量、无 P 区（处理 4）P 的吸收量、无 K 区（处理 8）K 的吸收量和全肥区（处理 6）N、P、K 养分吸收量

无植株化验结果时：

N 吸收量＝产量×每 100 千克产量 N 的吸收量/100

P 吸收量＝产量×每 100 千克产量 P 的吸收量/100

K 吸收量＝产量×每 100 千克产量 K 的吸收量/100

有植株化验结果时：

N吸收量＝子粒产量/100×子粒全N含量＋［子粒产量/经济系数（子粒产量/生物产量）－子粒产量］/100×秸秆全N含量

P吸收量＝子粒产量/100×子粒全P含量＋（子粒产量/经济系数－子粒产量）/100×秸秆全P含量

K吸收量＝子粒产量/100×子粒全K含量＋（子粒产量/经济系数－子粒产量）/100×秸秆全K含量

（5）相对养分吸收量

无N区N的相对吸收量＝无N区（处理2）N吸收量/处理6 N吸收量×100%

无P区P的相对吸收量＝无P区（处理4）P吸收量/处理6 P吸收量×100%

无K区K的相对吸收量＝无K区（处理8）K吸收量/处理6 K吸收量×100%

（6）肥料利用率

N肥利用率＝（处理6 N的吸收量－处理2 N的吸收量）/处理6施N量×100%

P肥利用率＝（处理6 P的吸收量－处理4 P的吸收量）/处理6施P量×100%

K肥利用率＝（处理6 K的吸收量－处理8 K的吸收量）/处理6施K量×100%

（7）单位产量养分吸收量

每100千克产量N的吸收量＝处理6 N吸收量/（处理6产量/100）

每100千克产量P_2O_5的吸收量＝处理6 P_2O_5吸收量/（处理6产量/100）

每100千克产量K_2O的吸收量＝处理6 K_2O吸收量/

（处理 6 产量/100）

2. 确定土壤养分丰缺指标

（1）技术路线　一是汇总大田土样测试结果，掌握不同区域耕地土壤氮、磷、钾等主要养分含量及分布状况，为划分土壤养分级差提供重要参考依据；二是根据各类"3414"/"3415"田间肥效试验结果，计算无肥区基础地力产量，为确定目标产量提供依据；三是计算氮、磷、钾缺素区地力相对产量，按照农业部《测土配方施肥技术规范》确定的级差合理划分极高、高、中、低、极低 5 个等级；四是对多年多点同类试验的计算结果进行算术平均，结合该区域土壤养分测试结果，组织专家组集中评议，综合分析确定某一区域、某种作物的土壤有效养分丰缺指标；五是制成养分丰缺指标及施肥量对照检索表。

①建立缺素区相对产量与土壤养分测试值的关系。

1）利用 Excel 图表向导，用无 P 区相对产量与土壤有效磷测试值做散点图，并拟合回归方程：$y = a\ln x + b$。

2）采取同样的方法，用无 K 区相对产量与土壤速效钾测试值做散点图，并拟合回归方程：$y = a\ln x + b$。

②建立缺素区养分相对吸收量与土壤养分测试值的关系。

1）利用 Excel 图表功能，拟合无 P 区 P 的相对吸收量与土壤有效磷的回归方程。

2）利用 Excel 图表功能，拟合无 K 区 K 的相对吸收量与土壤速效钾的回归方程。

③划分 P、K 养分丰缺指标。以桃源县划分 P、K 养分丰缺指标为例，桃源县在以相对产量为依据划分土壤养分丰缺指标时发现，作物对不同肥料养分的依存率有很大的差

异，如水稻对钾的依存率明显地高于对磷的依存率，无钾区的相对产量在 68.4%～99.6%，平均 84.0%，而无磷区相对产量在 85.6%～100%，平均 94.0%，完全依据相对产量划分丰缺指标，土壤速效钾可以划分为高、中、低 3 级，土壤有效磷只能划分为高、中两级，显然与生产实际不符，而根据缺素区养分相对吸收量为依据划分养分丰缺指标更符合实际。

（2）具体方法 根据回归方程 $y=a\ln x+b$，计算 y（相对产量或相对吸收量）分别等于 50、75、95 时对应的 x（土壤养分测试值）。按照相对产量、相对吸收量大于 95% 为高、75%～95% 之间为中、50%～75% 之间为低、小于 50% 为极低的标准，划分某一地区水稻土壤养分丰缺指标。

3. 建立双季稻施肥指标体系 应用"3414"试验结果分析软件科学汇总分析各类肥效试验结果，去伪存真，建立不同生态区双季稻施肥模型，并得出合理的施肥参数。供试的水稻品种必须是当地主推的品种。也可以在对试验结果作散点图的基础上，用适宜的方程进行拟合。三元二次方程拟合相关性不高的，用一元二次方程拟合，最简单的就是单因素分析，如在固定磷钾二水平时，对氮的 4 个水平进行统计分析，找出最佳氮量，在固定氮钾二水平时；对磷的 4 个水平进行统计分析，找出最佳的施磷量；在固定氮磷二水平时，对钾的 4 个水平进行统计分析，找出最佳的施钾量。在此基础上，按照施肥分区对优势作物主推品种建立施肥指标体系。

4. 推荐施肥

（1）肥料效应函数法 首先，建立施肥模型。根据双季稻"3414"/"3415"试验和氮磷钾肥不同用量试验，采用一元二次回归或线性加平台方法，分别拟合双季稻氮磷钾肥料效应模型。

其次，根据肥料效应模型计算出水稻最佳氮磷钾施用量与对应的目标产量，找出最佳施肥量与对应的目标产量之间的相关性，将最佳施肥量与对应的目标产量关系做散点图，依据目标产量高低划分高、中、低肥力水平，再在散点图上查出不同肥力水平条件下的最佳施肥量，即为某一地区双季稻的推荐施肥量。

注意事项：①由于"3414"试验方案不是经典的回归试验设计，回归系数之间存在相关性，因子的一次项系数并不能完全代表因子的主效应，二次项系数不能完全代表施肥过量的递减效应，交互项系数也不能完全代表交互作用的大小，因此，用回归模型来分析肥料效应时，一定要与当地农户施肥调查相结合，特别是要与当地农业劳模的高产施肥经验相结合。②由于回归分析是纯粹的数学方法（其实就是同一个试验，选择所有处理建立三元二次方程和选择部分处理建立一元二次方程求出的施肥量也不尽相同，还可能相差较大），而农业生产条件千变万化，因此，计算出来的回归方程（即使达到规定的显著水准），计算结果也只是仅供参考，使用时必须经过专家审核才可运用。还有如果计算出来的施肥量超出试验设计的上下限，不能使用，也就是说方程不能外推运用。

（2）目标产量配方法　首先，确定目标产量。方法之一是通过耕地地力调查，在土地适宜性和生产潜力评价的基础上合理确定；二是通过作物产量对土壤肥力依存率试验，获得土壤肥力的综合指标 X（空白田产量）与最高产

量 Y 的相关性，即 $Y=X/(a+bx)$ 或 $Y=a+bX$，作为目标产量定产的经验公式，最简单方法就是把当地某一作物前 3 年平均产量，或前 3 年中产量最高而气候等自然条件比较正常的那一年产量，作为土壤肥力指标，一般粮食作物以增产 10%～15%，蔬菜等经济作物以增产 20% 左右为宜。

　　然后计算肥料施用量。不同作物品种施肥区与无肥区 100 千克子粒吸肥量并非常数，必须根据当地多点试验结果聚类分析获取，不能简单的照抄教科书或参考外地的参数。基本方法是，通过 "3414"/"3415" 试验，获取主要农作物施肥区不同产量级差条件下的 100 千克子粒吸肥量、无肥基础地力产量与无肥区 100 千克子粒吸肥量以及肥料当季利用率，然后根据下列公式求算每亩施肥（N、P、K）量。

$$施肥总量（千克/亩）=\frac{目标产量的需肥量-土壤当季供肥量}{该元素肥料当季利用率}$$

　　其中：

$$目标产量需肥量=目标亩产量\times 施肥区 100 千克子粒吸肥量/100$$

$$土壤当季供肥量=无肥区植株地上部该元素肥料积累量$$
$$=无肥区亩产量\times 无肥区 100 千克子粒吸肥量/100$$

　　（3）**养分丰缺指标法**　利用土壤养分测定值和双季稻吸收土壤养分之间存在的相关性，把土壤测定值以一定的级差分等，制成养分丰缺及其施用肥料数量检索表。根据土壤测定值，就可对照检索表按级确定肥料施用量。

①进行氮、磷、钾肥多点不同用量试验或"3415"试验，一般同一土种、同一季水稻的田间试验不少于 30 个（表 3 - 2）。

表 3 - 2　氮、磷、钾肥多点不同用量试验

（单位：千克/亩）

肥料＼处理	1	2	3	4	5
N	0	4	8	12	16
P_2O_5	0	2	4	6	8
K_2O	0	2.5	5	7.5	10

②进行土壤、植株分析。试验前对试验田土壤采取耕层混合样，风干后过 1 毫米孔径的筛，采用不同浸提剂测定速效 N、P、K，田间试验的各处理在成熟期采取植株样，稻谷、稻草分别测定 N、P、K 含量，筛选最佳浸提方法。

③进行相关和回归分析。以土壤各种速效养分为 X 项，以参比标准为 Y 项。

④试验结果与分析。

1）校验研究结果分析。把土壤测定值翻译成"高、中、低"等级别的研究工作称为校验研究。主要根据田间试验资料进行。通过相关研究结果选出的最优数学模型 $y = a + b \ln x$ 进行划级，由于速效氮的测试方法没有通过相关研究，不能作校验研究。速效磷选用的最佳测试方法为 Olsen 法。速效钾的测定选用 1 摩尔/千克 NH_4OAc 法。划级时以作物的相对产量为标准。国际通用划法是，相对产量＞90％为高，90％～70％为中，70％～50％为低，＜50％为极低。从

目前双季稻区实际情况出发,将相对产量>95%为高,95%～90%为中,<90%为低,与这三级相对应的土壤磷钾养分测定值即为土壤磷钾养分丰缺指标比较适宜。

2)建议施肥量的研究结果。为了提出某一元素的总施用量,在高、中、低测定值的土壤上分别进行单因子施肥量试验。资料整理时,把同级土壤养分的各试验点的产量进行综合平均,模拟一元二次方程,分别作出高、中、低养分土壤的肥料效应方程,并经显著性检验,计算出最佳施肥量,供推荐施肥用。

3)水稻测土配方施肥技术的制定。一是用丰缺指标法确定磷钾肥。磷、钾肥用量的确定建立在土壤基础上。根据相关研究,确定用0.5摩尔/升碳酸氢钠溶液浸提土壤的速效磷(Olsen法),1摩尔/升醋酸铵溶液浸提土壤的速效钾,作为磷钾测试方法。只要在耕作施肥之前,采取耕层混合土样,用上述方法测定磷钾养分,根据测定结果查对,用量检索表,即可确定。二是根据目标产量确定氮肥。在目前速效氮的测试方法尚未选定之前,不能走测土施氮的途径。但从研究中得知,利用水稻常年产量(指近两、三年内正常年景条件下合理施肥的产量,亦即全肥区产量),进行氮肥定量是可以做到的。

根据氮肥用量试验资料,以无氮区产量水平等差分级(50千克为一级)得出各级产量水平下的氮肥效应方程及其最大、最佳施肥量。

综上所述,由于无氮区产量与全肥区产量极相关,则可将无氮区各级产量水平的最大、最佳施氮量,换算成相对应的全肥区产量(即常年产量)的最大、最佳施氮量,据此制定氮肥用量检索表(表3-3)。

表 3-3　氮肥用量检索表

（单位：千克/亩）

常年产量	早稻				晚稻			
	相应的无氮区产量	施氮量			相应的无氮区产量	施氮量		
		最大	最佳	建议		最大	最佳	建议
300	175	12.6	10.7	11	175	12.1	10.5	10.5
325	200	12.2	10.2	10	200	12	10.3	10
350	205	11.8	9.7	9.5	225	11.8	9.9	9.8
375	250	11.4	9.1	9.33	250	11.6	9.6	9.8
400	300	10.9	8.4	93.3	275	11.3	9.2	9.8
425	325	10.4	2.6	9	300	11.1	8.8	9.5
450	375	9.8	6.8	8.3	350	10.8	8.4	9.3
475	400	9.1	5.9	7.5	375	10.6	7.8	8.8
500	425	8.4	4.8	7	425	10.2	7.3	8.3

按常年产量确定氮肥的做法：用农民提供在正常年景情况下的年产量，按氮肥用量检索表，查出氮肥总用量。

（4）田间营养诊断　通过测土配方解决产前肥料定量之后，施肥则是配方在生产中的执行，根据湖南省土壤特性、肥料性质、水稻吸肥高产栽培经验，一般以全部磷肥和70%的钾肥作基肥，氮肥的施用，要改变过去基、追比例，适当增大生育期间的比重。据土壤总结资料，黏重土壤早稻基肥、分蘖肥以 5：5，晚稻基肥、分蘖肥、穗肥以 4：4：2；壤性土壤早、晚稻均以 4：4：2 的比例作基肥、分蘖肥和穗肥；砂性土壤以 4：3：2：1 的比例作基肥、分蘖肥、穗肥和粒肥。

在合理分配各生充肥料的基础上，重点要做好氮素诊断。田间诊断方法很多，如利用淀粉与碘液显色反应，测定叶鞘累积淀粉的长度（B/A值），判断水稻体内氮素水平，及时追补氮肥，模拟日本的叶色卡生产的塑料叶色卡是一个简单易行的诊断氮素的办法。测定时选水稻展开叶下的第一片叶作为植株群体代表进行比色，判断出准确色级，每低半级时补施尿素 2.5~3.5 千克。

（5）中、微量元素肥料与叶面施肥推荐　根据土壤中微量元素临界值，或单一因素试验结果，确定施与不施。原则上水稻、玉米等作物要补施适量锌肥，油菜、棉花、柑橘、蔬菜等作物要补施适量硼肥。叶面施肥即根外追肥是植物营养诊断施肥的重要手段，也是测土配方施肥的重要内容。叶面施肥的特点：一是直接供给作物养分，防止养分在土壤中转化；二是作物吸收快。试验表明，叶面肥在喷施 5 分钟以后，肥料就能运送到作物的各个器官，如果通过作物根部吸收，需 15 个昼夜才能达到相同的效果；三是提高作物根系活力，促进作物生长；四是节省肥料，提高经济效益。叶面施肥的数量只有根部施肥的 1%，但增产效果可达到 5% 以上，施肥的经济效益显著；五是科学施肥的重要方法之一。第一，它解决了农作物后期缺肥和由于肥料直接施于土壤后容易出现贪青晚熟这样一个尖锐矛盾；第二，它解决了作物生长发育对某种营养元素必需，但需要量又较少的矛盾，某些微量元素施用适量，有利于促进作物的生长发育，但如果施用过量，就变成了对农作物生长发育有害的重金属。具体的叶面肥品种应根据土壤缺素状况和作物对某种中、微量元素生理需要状况因土、因作物科学确定，根据湖南的土壤和作物，微量元素一般以锌、硼为主，优质高效的氨基酸、腐殖酸和氮、磷、钾等大量元素水溶肥料都是叶面施肥的理想肥料。

（6）有机肥的施用量推荐　分区域汇总分析各类田间肥效试验的不同土壤肥力水平、有机肥品种、用量条件下的有机肥增产效果，充分考虑当地有机肥资源和当地农民的有机肥施用习惯，坚持有机肥与化肥配合施用的施肥原则，在有机肥资源丰富、有机肥施用量较大的地区，应当用同效当量法等扣除有机肥的养分，作为化肥的推荐用量；对有机肥资源少、施用量也小、品种复杂的地区，可将有机肥施用作为维持地力的措施，不必扣除有机肥养分的贡献。

（7）基追肥比例的确定

①氮肥。根据各区域各类作物在不同土壤质地上的基追肥比例试验结果以及不同作物生育期长短、吸肥规律、土壤肥力高低和肥料养分利用率确定肥料基追肥用量及比例，总的原则是注意作物全生育期的平衡施用，对于生育期长的作物，应根据作物群体质量栽培理论，合理加大中后期比重，做到氮肥后移，改变传统的仅施基肥或基肥比重过大的做法，比如早稻生产可采用"5221"的施肥模式，即基肥（50%）、分蘖肥（20%）、穗肥（20%）、保花肥（10%）；中稻或一季晚稻可采用"5122"的施肥模式，即基肥（50%）、分蘖肥（10%）、穗肥（20%）、保花肥（20%）；双季晚稻可按"5221"的施肥模式，即基肥（50%）、分蘖肥（20%）、穗肥（20%）、保花肥（10%）。具体情况由各地根据当地田间肥效试验结果科学确定。

②磷、钾肥。磷肥原则上集中作基肥一次性全层深施；钾肥则根据各区域不同作物、不同土壤质地的基追肥比例试验结果通过汇总分析，用加权平均法确定基肥、追肥施用比例。

③中、微量元素肥。中量元素肥原则上以基肥为主，微量元素肥原则上以追肥为主，水稻土中有效锌含量低于0.5毫克/千克的土壤每亩施七水硫酸锌0.5千克作基肥；棉花和油菜土壤中有效硼含量低于0.5毫克/千克的土壤每亩施硼砂0.5千克作基肥，基肥不足的可选择适宜的生育期进行叶面喷施。

（8）施肥指标体系的完善　主要作物施肥指标体系建立后，要通过建立施肥效果长期监测点、配方校正试验、示范对比试验不断验证。通过定点跟踪调查，多点统计分析，找出施肥指标与土壤测试值、实际产量相关性等的标准差或变异系数，对与实际情况不符合的或偏差较大的予以舍弃。对不同分区类似或相近的施肥指标予以合并，再通过"图、表、卡、肥"形式予以推广应用，确保技术到位，从而做到试验研究深化、推广应用简化。

第四章 部分地区双季稻科学施肥指导意见

一、湖南省双季稻科学施肥指导意见

1. 总体要求 坚持以科学发展观为指导，按照"增加产量、提高效益、保护环境"的要求，以土壤测试、田间肥效试验和农户施肥情况调查数据为基础，突出推进农民转变施肥观念，增施有机肥料，实现有机肥与无机肥相结合；突出指导农民按方施肥，努力提高肥料利用率；突出专用配方肥推广应用，强化肥料对土壤和作物的针对性。

2. 基本原则

（1）坚持因地制宜，分类指导 充分利用近年来土壤监测、农户施肥情况调查、土壤测试结果和田间肥效试验数据，根据当地土壤供肥性能、典型耕作制度和作物需肥特性，在全省春季科学施肥指导意见的基础上，组织测土配方施肥技术专家组确定本地区不同生态类型区、在不同耕作制度和目标产量下的有机、氮磷钾肥和微量元素肥料的施用量，并落实到具体的肥料品种，实行分类指导，不搞一刀切。

（2）坚持有机肥与无机肥配合施用 湖南省有机肥资源丰富，每年产生的有机肥资源总量达1.6亿多吨，相当于纯 N75.28 万吨、$P_2O_5$25.26 万吨、K_2O87.42 万吨。有机肥料的特点是肥效缓、稳、长、养分齐全，而化肥的特点是肥效快、猛、短。两者配合施用，可以取长补短、缓急相济，既有速效，又有后劲；既能改良土壤、培肥地力，又能促进增产、提高品质。在当前化肥价格高位运行的情况下，充分利用好有机肥资源，可以较大幅度地减少化肥施用和钾肥进口，不仅如此，还能提高化肥肥效，增加作物产量，改善产品品质，减轻面源污染，保护生态环境，提高耕地地力。

（3）推进测土配方施肥技术入户　各地要结合测土配方施肥补贴项目，深入持久地推进测土配方施肥。通过建议卡、明白纸、宣传画、广告栏等形式，把野外调查和取土测土结果及时反馈到农民手中，同时指导广大农民科学确定目标产量，选用肥料品种，确定施用数量、施用时期和施用方法，使之牢固树立测土配方、科学施肥的理念。

（4）大力推广作物专用配方肥　作物专用配方肥是根据野外调查、土壤测试和田间肥效试验结果，因土、因作物配制而成的，同通用型复混肥相比，具有明显的土壤地域性和作物针对性。大力推广作物专用配方肥，不仅能减少过量施肥特别是过量施用氮肥造成的土壤养分失衡、土壤结构破坏和水体富营养化，而且通过给作物补充均衡营养，促进作物健壮生长，减少农药施用量，减轻农药对土壤、水质和农产品的污染，有利于提高农作物产量和农产品品质，降低农业生产成本，保护农业生态环境。

3. 施肥意见

（1）双季早稻　针对目前早稻施肥上存在的氮肥用量偏高、前期氮肥用量过大、有机肥施用量少和缺锌地区锌肥施用不够等问题，采取有机肥与无机肥相结合，控制氮肥总量，调整基追肥比例，减少前期氮肥用量，实行氮肥施用适当后移，磷钾养分长期恒量监控，中微量元素因缺补缺，基肥秒田深施，追肥与中耕结合，对缺锌土壤补施锌肥的施肥策略。

①在每亩施有机肥 1 000 千克的基础上，对产量水平在 400 千克/亩以下的丘块，每亩施氮肥（N）10 千克、磷肥（P_2O_5）5 千克、钾肥（K_2O）5.5 千克；对产量水平在400～450 千克/亩的丘块，每亩施氮肥（N）9 千克、磷肥（P_2O_5）4.5 千克、钾肥（K_2O）5 千克；对产量水平在 450 千克/亩以上的丘块，每亩施氮肥（N）8.5 千克、磷肥（P_2O_5）4.2 千克、钾肥（K_2O）4.5 千克。对有机肥施用量大或实行绿肥翻压还田的田块，适当减少化肥施用量。

②基、追肥施用比例与方法。根据目标产量、土壤供肥能力和肥料养分利用率确定施肥比例和施用方法，做到氮肥、磷肥和钾肥的平衡施用。其中，氮肥按"5221"模式施用，即基肥（50%）、分蘖肥（20%）、穗肥（20%）、保花肥（10%）；磷肥全部作基肥；钾肥的 50%～60% 作为基肥，40%～50% 作为穗肥。

③合理施用锌肥。1）锌肥作基肥。对土壤有效锌含量低于 0.5 毫克/千克的土壤，硫酸锌作基肥的适宜用量为 1 千克/亩；在有效锌含量为 0.5～1 毫克/千克的土壤上，硫酸锌作基肥的适宜用量为 0.5 千克/亩；施用方法是将硫酸锌与有机肥或化肥混合拌匀后作基肥施用。2）叶面喷施锌肥。一般分别在早稻苗期和移栽返青后用硫酸锌 100 克对水50 千克进行叶面喷施。

（2）双季晚稻　针对当前晚稻施肥上存在的氮肥用量偏高、前期氮肥用量过大、稻草还田基本普及以及对缺锌土壤不注重锌肥施用等问题，采取有机肥与无机肥相结合；控制氮肥总量，调整基、追肥比例，减少前期氮肥用量，实行氮肥用量后移；在有效磷、速效钾含量丰富的地区酌情减少磷钾肥施用，中微量元素因缺补缺；基肥秒田深施，追肥结合中耕进行；对缺锌的土壤补施锌肥的施肥策略。

①每亩稻草还田量折合干稻草 300 千克。

②产量水平在 450 千克/亩以下：每亩施氮肥（N）11千克、磷肥（P_2O_5）2.4 千克、钾肥（K_2O）5.5 千克。

③产量水平在 450～500 千克/亩：每亩施氮肥（N）10千克、磷肥（P_2O_5）2.4 千克、钾肥（K_2O）5 千克。

④产量水平在 500 千克/亩以上：每亩施氮肥（N）8.5千克、磷肥（P_2O_5）2.4 千克、钾肥（K_2O）4.5 千克。

（3）对缺锌的土壤每亩补施锌肥 1 千克　在施肥比例和施用方法上，氮肥按"721"模式施用，即基肥（70%）、分蘖肥（20%）、穗肥（10%），钾肥的 40% 作为基肥，40%作分蘖肥，20%作穗肥。

二、湖北省双季稻科学施肥指导意见

1. 推荐施肥技术

（1）基于目标产量和土壤地力产量确定推荐氮肥施用总量　见表 4-1。

基肥、追肥分配比例为：

氮肥 40%～45%作基肥，15%～35%作分蘖期追肥，20%～45%作幼穗分化期追肥（表 4-2）。也可以根据这一原理，采用目测评估水稻氮素营养状况调节氮肥施用量。分蘖肥视水稻茎蘖数和叶色调整，茎蘖数多，叶色浓绿，分蘖期追肥用量可减轻，反之加重；幼穗分化期采用同样的原则适当增加或减少氮肥用量。注意早稻中后期氮肥用量可适当增加，晚稻适当减少。

表4-1　早晚稻推荐氮肥施用总量

地力产量	水稻目标产量（千克/公顷）		
（千克/公顷）	6 000	7 500	9 000
3 500	150	—	—
4 500	90	150	
5 500	30	120	215
6 500	—	75	180

表4-2　实地氮肥管理不同时期氮肥施用比例参考表

氮肥施用时期	早稻（%）	晚稻（%）
基肥	40	45
分蘖期	25±10*	25±10
幼穗分化期	35±10	30±10
全生育期	80～120	80～120

　　* 如果叶色卡（LCC）或SPAD测定值大于最大临界值，在施肥基数上减去10%；若低于最小临界值，则在施肥基数上增加10%；介于最小临界值—最大临界值之间时按表中列出的施肥基数施用。叶色卡（LCC）的最小临界值为3.5，最大临界值为4；SPAD最小临界值为35，最大临界值为39；下同。

　　（2）双季稻磷钾肥恒量监控技术

①双季稻磷肥用量的确定见表4-3。

表4-3 湖北省土壤磷分级及双季稻磷肥用量

产量水平 （千克/公顷）	肥力等级	土壤 Olsen-P （P_2O_5，毫克/千克）	磷肥用量 （P_2O_5，千克/公顷）
4 500	低	<7	60
	较低	7～15	45
	较高	15～20	30
	高	>20	—
6 000	低	<7	75
	较低	7～15	60
	较高	15～20	45
	高	>20	30
7 500	低	<7	—
	较低	7～15	90
	较高	15～20	60
	高	>20	30
9 000	低	<7	—
	较低	7～15	105
	较高	15～20	80
	高	>20	60

②双季稻钾肥用量的确定见表4-4。

表4-4 湖北省稻田土壤钾分级及对应钾肥用量

产量水平 (千克/公顷)	肥力等级	土壤交换性钾 (K_2O,毫克/千克)	钾肥用量 (K_2O,千克/公顷)
	低	<70	45
4 500	中	70~100	30
	高	>100	—
	低	<70	60
6 000	中	70~100	45
	高	>100	30
	低	<70	90
7 500	中	70~100	60
	高	>100	45
	低	<70	105
9 000	中	70~100	90
	高	>100	75

注：若双季稻生产中稻草直接还田或在本田内燃烧，稻草中钾素还田比例较大，钾肥用量可参考表中下移一个等级。

2. 双季稻施肥原则与建议

（1）双季稻施肥原则 湖北省双季稻施肥主要存在的问题包括氮肥施用偏高、前期氮肥用量过大，钾肥用量偏少，有机肥施用少。基于以上问题，建议以下施肥原则：

①控制氮肥总量，调整基追比例，减少前期氮肥用量，强调氮肥分次施用。

②适当增加钾肥用量。

③增加有机肥施用。

（2）双季稻施肥建议 在亩产400~550千克条件下，坚持以有机肥为基础，氮肥总量控制在8~12千克/亩，磷肥（P_2O_5）4~7千克/亩，钾肥（K_2O）总量控制4~8千克/亩，在缺锌、缺硼的地区，在基肥上每亩增施锌肥和硼肥 1 千克。基追肥施用比例为：有机肥 100%，氮肥的 40%～45%，磷肥的 100%，钾肥的 50%～60% 作为基肥；氮肥的 15%～35%，钾肥的 40%～50% 作为蘖肥；氮肥的 20%～45% 作为穗肥。

三、江西省双季稻科学施肥指导意见

为了引导农民"科学、经济、环保"施肥，努力提高肥料利用效率，降低生产成本，确保农业增产增收，根据《农业部办公厅关于印发〈2009 年春季科学施肥指导意见〉的通知》（农办农〔2009〕23 号）精神，结合湖南省实际，提出如下施肥指导意见：

总体要求：充分利用测土配方施肥技术成果，按照"增加产量、提高效益、保护环境"的要求，努力做到"科学、经济、环保"用肥。

一是指导农民施"产量肥"。充分发挥肥料增产效应，促进粮食和农业增产增效。

二是指导农民施"经济肥"。帮助农民选择适宜肥料品种，尽可能引导农民选用"玉露"配方肥，确定合理施肥量，采取科学施肥方法，增施有机肥料，降低生产成本。

三是指导农民施"环保肥"。增强农民科学施肥意识，改变传统施肥方式，减少不合理施肥现象，切实保护生态环境。

1. 早稻科学施肥指导意见

（1）存在问题　氮肥用量偏高，有机肥施用量少，缺锌、缺硫地区对锌肥、硫肥施用重视不够。

（2）施肥原则　原则如下：

一是适当降低氮肥总用量，重施基肥和分蘖肥，适当增施穗粒肥。

二是增施有机肥料,做到有机无机相结合,提倡秸秆还田。

三是基肥深施,施后耙田以使土肥相融。

四是引导农民按卡施肥,加大配方肥的推广使用,建议使用"玉露"配方肥。"玉露"配方肥配方 $N-P_2O_5-K_2O$ 为 50%（22-11-17）、45%（20-10-15）、42%（18-10-14）。

（3）**施肥建议**　在亩产 400～450 千克产量水平时,根据测土结果,施肥量控制在氮肥总量（N）8～10 千克/亩,磷肥（P_2O_5）4～5 千克/亩,钾肥（K_2O）5～6 千克/亩,缺锌、缺硫的地区,每亩基施硫酸锌 1 千克、硫黄 2 千克。

选用单质肥料的,氮肥的 50%～60%作为基肥,30%作为分蘖肥,10%～20%作为穗粒肥;钾肥的 50%～60%作为基肥,40%～50%作为追肥;有机肥、磷肥全部作基肥。选用配方肥料的,70%～80%作为基肥,20%～30%作为分蘖肥,追补的尿素、氯化钾作为分蘖肥和穗粒肥。

提倡施用有机肥料。施用有机肥料或种植绿肥翻压的田块,化肥用量可适当减少。常年秸秆还田的地块,钾肥用量可适当减少 1～2 千克/亩。

2. 晚稻科学施肥指导意见

（1）**存在问题**　氮肥用量偏高,前期施氮比例过大,后期容易出现脱肥现象,早稻施用枸溶性磷肥及秸秆还田后没考虑适当调减磷、钾肥施用量。

（2）**施肥原则**　原则如下:

一是控制氮肥总量,调整基、追比例,根据秸秆还田及早稻磷肥施用情况适当调减磷、钾肥用量。

二是基肥深施,施后耙田以使土肥相融,追肥"以水带氮",后期注意看苗追施穗粒肥。

三是引导农民按卡施肥，加大配方肥的推广使用，建议使用"玉露"配方肥。

（3）施肥建议　在亩产450～550千克的产量水平时，根据测土结果，在早稻秸秆还田量200千克的基础上，肥料用量控制在氮肥（N）9～12千克/亩，磷肥（P_2O_5）3～4千克/亩，钾肥（K_2O）6～7千克/亩。

选用单质肥料的，氮肥的50%～60%作为基肥，20%作为分蘖肥，20%～30%作为穗粒肥；钾肥的50%～60%作为基肥，40%～50%作为追肥；有机肥、磷肥全部作基肥。选用配方肥料的，60%～70%作为基肥，30～40%作为分蘖肥，追补的尿素、氯化钾作为穗粒肥。

四、安徽省双季稻科学施肥指导意见

1. 基于目标产量和空白产量的双季稻施氮肥用量的确定

（1）基于目标产量和空白产量早稻氮肥用量的确定　见表4-5。

表4-5　不同产量水平早稻氮肥的推荐用量

（单位：千克/公顷）

目标产量水平	空白产量	基肥用量	追肥用量
4 500	<3 900	60	75
	>3 900	45	60
6 000	<3 900	75	90
	>3 900	60	75
7 500	<3 900	90	105
	>3 900	75	90

（2）基于目标产量和空白产量晚稻氮肥用量的确定　见表4-6。

表4-6　不同产量水平晚稻氮肥的推荐用量

（单位：千克/公顷）

目标产量水平	空白产量	基肥用量	追肥用量
600	<4 500	60	90
	<4 500	45	75
7 500	<4 500	75	105
	<4 500	60	90
9 000	<4 500	90	120
	<4 500	75	105

2. 双季稻磷钾肥恒量监控技术

（1）早稻磷肥用量的确定　见表4-7。

表4-7　安徽省土壤磷分级及早稻磷肥用量

产量水平	肥力等级	土壤 Olsen-P（毫克/千克）	磷肥用量（P_2O_5，千克/公顷）
4 500	极低	<5	90
	低	5～10	68
	中	10～12	45
	高	20～30	23
	极高	>30	0
6 000	极低	<5	120
	低	5～10	90
	中	10～20	60
	高	20～30	30
	极高	>30	0

（续）

产量水平	肥力等级	土壤 Olsen - P （毫克/千克）	磷肥用量 （P₂O₅，千克/公顷）
7 500	极低	<5	150
	低	5～10	113
	中	10～20	75
	高	20～30	38
	极高	>30	0

（2）晚稻磷肥用量的确定　见表4-8。

表4-8　安徽省土壤磷分级及晚稻磷肥用量

产量水平 （千克/公顷）	肥力等级	土壤 Olsen - P （毫克/千克）	磷肥用量 （P₂O₅，千克/公顷）
6 000	极低	<5	80
	低	5～10	60
	中	10～12	40
	高	20～30	20
	极高	>30	0
7 500	极低	<5	90
	低	5～10	75
	中	10～20	50
	高	20～30	25
	极高	>30	0
8 500	极低	<5	120
	低	5～10	90
	中	10～20	60
	高	20～30	30
	极高	>30	0

3. 双季稻钾肥用量的确定

（1）早稻钾肥用量的确定 见表4-9。

表4-9 安徽省土壤钾分级及对应早稻钾肥用量

肥力等级	土壤交换性钾 Olsen-P （毫克/千克）	钾肥用量 （P_2O_5，千克/公顷）
极低	<60	140
低	60～80	105
中	80～120	70
高	120～160	35
极高	>160	0

（2）晚稻钾肥用量的确定 见表4-10。

表4-10 安徽省土壤钾分级及对应晚稻钾肥用量

肥力等级	土壤交换性钾 Olsen-P （毫克/千克）	钾肥用量 （P_2O_5，千克/公顷）
极低	<60	150
低	60～80	113
中	80～120	75
高	120～160	38
极高	>160	0

4. 双季稻中微量元素肥用量的确定

（1）微量元素丰缺指标 见表4-11。

表4-11 安徽省双季稻微量元素丰缺指标及对对应施用方法

元素	提取方法	临界指标（千克/公顷）	施用方法
Zn	DTPA	0.5	基肥、种肥、叶面追肥
B	沸水	0.5	基肥、种肥、叶面追肥
Mn	醋酸	3.0	基肥、种肥、叶面追肥

（2）微肥施用方法　见表 4 - 12。

表 4 - 12　安徽省双季稻微量元素施肥方法及对应用量

元素	种肥（浸种浓度） （%）	临界指标 （千克/公顷）	微肥施用量 （千克/公顷）
Zn	$ZnSO_4$：0.02～0.1	0.1～0.3	$ZnSO_4$：15～30
B	硼砂：0.02～0.1	0.1～0.3	硼砂：8～12
Mn	$MnSO_4$：0.02～0.1	0.1～0.2	$MnSO_2$：15～30
Si			硅酸钠：120～150

5. 双季稻施肥原则

针对安徽省双季稻区地形复杂，氮磷化肥用量普遍偏高，肥料增产效率下降，而有机肥施用不足，微量元素锌和硅缺乏时有发生等问题，提出以下施肥原则：

①增施有机肥，提倡有机无机配合。

②依据土壤肥力条件，适当调减氮磷化肥用量。

③依据土壤钾素状况，高效施用钾肥，注意锌和硅的配合施用。

④氮肥分期施用，适当减少基蘖肥的施用比例，适当增加穗肥施用比例。

⑤肥料施用应与高产优质栽培技术相结合。

⑥基肥与追肥比例可以根据当地土壤肥力情况进行微调. 一般是土壤肥力高的田块基肥用量可以适当降低。

6. 早稻施肥建议

（1）产量水平 450 千克/亩以上　氮肥（N）10～12 千克/亩，磷肥（P_2O_5）4～6 千克/亩，钾肥（K_2O）5～8 千克/亩。

（2）产量水平 350～450 千克/亩　氮肥（N）8～10 千

克/亩，磷肥（P_2O_5）3～5 千克/亩，钾肥（K_2O）4～6 千克/亩。

（3）产量水平 350 千克/亩以下　氮肥（N）6～8 千克/亩，磷肥（P_2O_5）2～4 千克/亩，钾肥（K_2O）3～5 千克/亩。

若基肥施用了有机肥，可酌情减少化肥用量。

氮肥总量的 40％作基肥，30％作分蘖肥，30％作穗肥施用。

7. 晚稻施肥建议

（1）产量水平 500 千克/亩以上　氮肥（N）12～14 千克/亩，磷肥（P_2O_5）4～5 千克/亩，钾肥（K_2O）6～8 千克/亩，锌肥（$ZnSO_4$）1～2 千克/亩。

（2）产量水平 400～500 千克/亩　氮肥（N）10～12 千克/亩，磷肥（P_2O_5）3～4 千克/亩，钾肥（K_2O）5～7 千克/亩。

（3）产量水平 400 千克/亩以下　氮肥（N）8～10 千克/亩，磷肥（P_2O_5）2～3 千克/亩，钾肥（K_2O）4～6 千克/亩。

若基肥施用了有机肥，可酌情减少化肥用量。氮肥总量的 40％作基肥，30％作分蘖肥，30％作穗肥施用。

五、福建省双季稻科学施肥指导意见

1. 土壤肥力等级的划分对作物产量的贡献率

（1）水稻土肥力等级的划分　作物施肥效应与土壤肥力水平密切相关，不同肥力水平的土壤对作物产量的贡献率有明显的差异。根据福建实际，将双季稻耕地土壤肥力划分为高、中、低 3 个等级。在具有无肥区处理的 180 个水稻氮磷钾肥效试验中，无肥区产量水平变化幅度在 2 592～7 470 千克/公顷。因而，以无肥区产量高于 6 000 千克/公顷的土壤为高肥力等级，以无肥区产量在 6 000～4 500 千克/公顷的土壤为中等肥力水平，以无肥区产量小于 4 500 千克/公顷的土壤为低肥力水平。

（2）不同肥力等级的土壤对产量的贡献率　根据无肥区和氮磷钾平衡施肥区的试验产量，计算土壤对水稻产量的贡献率。在 226 个试验中无肥区产量是 5 564±1 280 千克/公顷，氮磷钾平衡施肥区产量是 7 387±1 346 千克/公顷，基础土壤对水稻产量的平均贡献率是 75.32%。

在全省 97 个早稻试验中，无肥区平均产量是 5 310±1 138 千克/公顷，氮磷钾平衡施肥区平均产量是 7 058±1 130 千克/公顷，基础土壤对稻谷的贡献率平均为 75.23%；在全省 46 个中稻试验中，无肥区平均产量是 6 226±1 220 千克/公顷，氮磷钾平衡施肥区平均产量是 8 147±1 340 千克/公顷，基础土壤对稻谷的贡献率平均为 76.42%；在全省 83 个晚稻试验中，无肥区平均产量是 5 494±1 341 千克/公顷，氮磷钾平衡施肥区平均产量是 7 352±1 427 千克/公顷，基础土壤对稻谷的贡献率平均为 74.73%。表明，基础土壤对早稻、中稻和晚稻的产量贡献率差异很小，都在 75% 左右，但无论是无肥区还是平衡施肥区的平均产量，中稻都明显高于早晚稻，而晚稻则高于早稻，说明氮磷钾化肥对中稻的贡献率最大，其次是晚稻，早稻则较低。

统计结果还表明，在 54 个山区早稻试验中，无肥区平均产量是 4 858±1 115 千克/公顷，氮、磷、钾平衡施肥区平均产量是 6 802±1 116 千克/公顷，基础土壤的平均贡献率是 71.42%；在 43 个沿海早稻试验中，无肥区平均产量是 5 877±893 千克/公顷，氮磷钾平衡施肥区平均产量是 7 379±1 075 千克/公顷，基础土壤的平均贡献率是 79.64%。在 47 个山区晚稻试验中，无肥区平均产量是 5 420±1 351 千克/公顷，氮磷钾平衡施肥区平均产量是 7 290±1 651 千克/公顷，土壤的平均贡献率是 74.35%；在 36 个沿海晚稻试验中，无肥区平均产量是 5 591±1 342 千克/公顷，氮磷钾平衡施肥区平均产量是 7 432±1 085 千克/公顷，土壤的平均贡献率是 75.23%。表明，无论是无肥区还是氮磷钾平衡施肥区的平均产量，沿海地区都高于山区，土壤对水稻产量的贡献率也明显高于山区。

对不同肥力等级的统计结果表明，土壤对粮油作物产量的贡献率与土壤肥力水平成正比。高肥力等级土壤对粮油作物产量的贡献率最高，水稻在 78.42%～86.46%；其次是中等肥力等级土壤，在水稻上的贡献率是 72.21%～74.25%；低肥力等级的土壤对粮油作物产量的贡献率最低，水稻在 54.42%～72.04%。

（3）空白区产量对氮磷钾最佳施肥区产量的影响　利用近年来福建在主要粮油作物上完成的 Opt. 设计方案和"3414"设计方案的众多田间试验资料，表 4-13 表明，水稻空白区产量与氮、磷、钾最佳施肥处理区产量之间存在明显的相关关系，这种相关关系可简单地采用一元线性模型来表达，各个回归方程均达到统计显著水平。

回归方程式的建立，为福建粮油作物测土配方施肥确定目标产量提供了一个较为精确的计算式，从而把经验性估产提高到计量水平。该回归方程式不仅可以通过空白区产量（X）推算目标产量（Y），还可根据农户施肥区产量反向推算空白区产量，从而给实际应用带来了方便。

表 4-13　双季稻空白区产量对氮磷钾最佳施肥区产量的影响

作物	区域	试验数（个）	空白区产量（X）与平衡施肥区产量（Y）的回归模型（千克/亩）	F值
早稻	山区	54	$Y=270.63+0.5646X$	24.2**
	沿海	43	$Y=298.21+0.4945X$	8.3**
晚稻	山区	47	$Y=102.64+1.0609X$	137.6**
	沿海	36	$Y=286.28+0.5572X$	24.9**

2. 水稻土速效氮磷钾养分丰缺指标　近年来大量田间试验表明，无肥区稻谷产量平均是 5 564±1 280 千克/公顷，氮磷钾平衡施肥区则为 7 387±1 346 千克/公顷，基础土壤对水稻产量的平均贡献率是 75.32%。施用氮肥、磷肥和钾肥平均分别增产 17.58%、4.57% 和 8.09%。每千克 N、P_2O_5 和 K_2O 养分的稻谷增产量分别是 8.35kg、5.27kg 和 5.58kg，氮、磷、钾化肥产投比分别是 2.91、1.58 和 2.09。水稻氮肥利用率平均为 39.5%，磷钾肥则分别为 15.2% 和 39.0%。

福建山区（闽西北、闽东）地处中亚热带，而沿海（闽东南）则地处南亚热带，社会经济发展水平和常年农业投入差异很大，水稻氮磷钾施肥效应有明显的区别，因而，将早晚稻稻田土壤速效养分丰缺指标按山区和沿海 2 个区域划分。福建稻田土壤碱解氮、Olsen-P 和速效钾的丰缺指标如表 4-14。

表 4-14 水稻土壤碱解氮、Olsen-P 和速效钾丰缺指标

稻作	区域	土壤养分	相对产量>0.95（高）	相对产量0.95～0.75（中）	相对产量<0.75（低）
早稻	山区	碱解氮	217	217～103	103
		Olsen-P	26	26～8	8
		速效钾	116	116～33	33
	沿海	碱解氮	193	193～75	75
		Olsen-P	18	18～7	7
		速效钾	105	105～27	27
晚稻	山区	碱解氮	211	211～116	116
		Olsen-P	19	19～8	8
		速效钾	105	105～15	15
	沿海	碱解氮	183	183～78	78
		Olsen-P	17	17～7	7
		速效钾	82	82～19	19

3. 水稻土不同肥力等级的区域施肥决策 为了应用上的方便，将土壤肥力等级划分为高、中、低3个级别。近年来完成的大量水稻氮、磷、钾肥效试验中，无肥区产量水平变化幅度在2 592～7 470千克/公顷。因而，水稻土以无肥区产量高于6 000千克/公顷的土壤为高肥力等级，以无肥区产量在6 000～4 500千克/公顷的土壤为中等肥力水平，以无肥区产量小于4 500千克/公顷的土壤为低肥力水平。

全省早稻的最高产量施肥量平均分别是N159千克/公顷、$P_2O_5$62千克/公顷和K_2O119千克/公顷，氮、磷、钾比例为1：0.39：0.75，预计平均产量约为6 727

千克/公顷；经济产量施肥量分别为 N122 千克/公顷、$P_2O_5$45 千克/公顷和 K_2O81 千克/公顷，氮、磷、钾比例为 1∶0.37∶0.66，预计平均产量约为 6 600 千克/公顷。

全省晚稻的最高产量施肥量平均分别是 N166 千克/公顷、$P_2O_5$55 千克/公顷和 K_2O112 千克/公顷，氮、磷、钾比例为 1∶0.33∶0.67，预计平均产量约为 7 517 千克/公顷；经济产量施肥量分别为 N121 千克/公顷、$P_2O_5$31 千克/公顷和 K_2O77 千克/公顷，氮、磷、钾比例为 1∶0.27∶0.64；预计平均产量约为 7 163 千克/公顷。

4. 基于土测值的水稻氮、磷、钾推荐施肥量　根据近年来在全省各地不同肥力等级土壤上对水稻氮、磷、钾化肥效应进行了众多田间试验结果，采用最小二乘法或 Monte Carlo 法对每个试验点逐个建立一元或二元或三元肥效模型，剔除统计不显著的肥效模型。对保留下来的肥效模型进行典型性判别分析，对典型肥效模型采用边际产量导数法，以每千克 N4.3 元、$P_2O_5$5 元、K_2O4.0 元和稻谷 2.0 元的平均价格为依据计算推荐施肥量；对非典型肥效模型则以试验所得最高产量的 0.95 倍以上为目标产量，采用 Monte Carlo 法随机求解推荐施肥量。以基础土样碱解氮或Olsen - P 或速效钾的测定结果为 X 轴，以相应试验点的 N、P_2O_5 和 K_2O 推荐施肥量为 Y 轴，得到土测值与推荐施肥量的散点图。图 4 - 1 是全省早稻各试验点土测值与推荐施肥量关系图。

水稻土壤碱解氮、Olsen - P 和速效钾的测定值及其相应的氮、磷、钾推荐施肥量的回归分析表明，这种关系满足指数回归方程，回归式均达到统计显著水平，回归系数各有

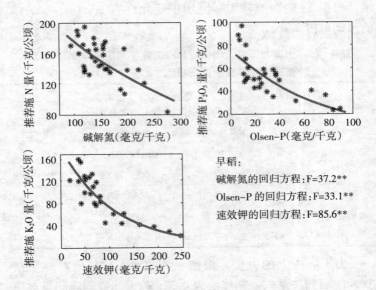

图 4-1 早稻土壤碱解氮、Olsen-P 和速效钾含量测定值
与推荐施肥量的关系

差异显示了土壤肥力和不同稻作水稻营养特点的差异。回归
方程的标准误分析表明，变化幅度在 12.0～26.4 千克/公顷
之间，平均为 16.8 千克/公顷，说明氮、磷、钾推荐施肥量
可在 ±16.8 千克/公顷浮动。

表 4-15 的结果表明，肥料效应回归方程的推荐施肥量
与速效养分土测值具有规律性，建立的关系式使得本来只有
相对意义的土壤速效养分测定值转变为直接用于确定施肥量
的参数。因此，可以利用这种关系式，根据土测值预测推荐
施肥量。例如，若早稻碱解氮测定值分别为 90 毫克/千克和
170 毫克/千克，则根据早稻的碱解氮和推荐施氮量的关系
式，求得氮肥推荐用量分别是 180 千克/公顷和 135 千克/公

顷。根据 Se 的数值，实际应用中还允许有 16.8 千克/公顷的浮动范围。

表 4 - 15　土壤碱解氮、Olsen - P 和速效钾测定值与水稻相应
　　　　　 氮磷钾推荐施肥回归模型

稻作	肥料	试验数 (n)	土测值 (X，毫克/千克) 与推荐施肥量 (Y，千克/公顷) 的关系式	F 值	Se
早稻	氮肥	34	$Y=238.60\exp(-0.003\,095X)$	37.2**	18.4
	磷肥	30	$Y=75.968\exp(-0.013\,50X)$	33.1**	12.0
	钾肥	30	$Y=184.27\exp(-0.009\,175X)$	85.6**	20.0
晚稻	氮肥	29	$Y=285.78\exp(-0.004\,009X)$	32.8**	21.4
	磷肥	29	$Y=78.244\exp(-0.021\,42X)$	34.4**	14.9
	钾肥	29	$Y=157.31\exp(-0.005\,918X)$	49.6**	18.4

　　为了应用上的方便，根据土测值（X）与推荐施肥量（Y）的回归关系式，制作成表 4 - 16 的土测值与施肥量对照表。该表适合于乡镇级农业科技人员使用。表 4 - 16 回归方程的标准误差表明，相应养分的推荐用量允许在标准误差范围内上下浮动。

表 4 - 16　水稻氮、磷、钾推荐施肥量与土测值关系对照

稻作	肥料	项目	土测值（毫克/千克）及其推荐施肥量（千克/公顷）						Se
早稻	氮肥	碱解氮	<50	50~100	100~150	150~200	200~250	>250	
		施 N 量	204	190	163	139	119	110	±18
	磷肥	Olsen - P	<10	10~15	15~20	20~25	25~30	>30	
		施 P_2O_5 量	66	64	60	56	52	50	±12
	钾肥	速效钾	<30	30~60	60~90	90~120	120~150	>150	
		施 K_2O 量	140	123	94	71	54	46	±20

(续)

稻作	肥料	项目	土测值（毫克/千克）及其推荐施肥量（千克/公顷）						Se
晚稻	氮肥	碱解氮	<50	50~100	100~150	150~200	200~250	>250	
		施N量	234	213	174	143	117	105	±21.4
	磷肥	Olsen-P	<10	10~15	15~20	20~25	25~30	>30	
		施P_2O_5量	63	60	54	49	44	41	±14.9
	钾肥	速效钾	<30	30~60	60~90	90~120	120~150	>150	
		施K_2O量	132	121	101	85	71	65	±18.4

5. 水稻施肥时期和施肥方法 根据水稻生长发育各阶段的养分需求状况，以及化学肥料的性质，确定的推荐施肥量的施肥时期和施肥方法是：基肥中氮、钾肥占总用量的50%，磷肥全部做基肥，全层深施；余下的氮钾肥在苗期做追肥，施肥后耘田；晚稻可减少基肥中的氮肥比例，留下的氮肥在水稻生长的中后期根据稻苗长势状况，适当追施氮肥。

硫肥课题的10年研究表明，福建半数以上稻田缺硫。水稻土有效硫的临界指标为23毫克/千克。低于该临界值的稻田施用30千克/公顷的硫肥，可获得5%以上的增产效果。对于砂性较强的水稻土，配施75千克/公顷的镁肥也有显著的增产作用。

六、广东省双季稻科学施肥指导意见

主推水稻"三控"施肥技术，该技术以控肥、控苗、控病虫（简称"三控"）为特色，通过控制总施氮量和基蘖肥施氮量，提高氮肥利用率，减少环境污染；通过控制无效分蘖和最高苗数，提高成穗率和群体质量，实现高产稳产；通过控制病虫害发生，减少农药用量，提升稻米食用安全性。示范应用表明，该技术省肥省药，高产稳产，易学易用，经济效益好，现为广东省农业主推技术。

1. 氮肥总量控制　根据目标产量和无氮区产量确定（表4-17）。

表4-17　广东省双季稻不同无氮区产量和目标产量下的施氮量

目标产量（千克/公顷）	无氮区产量（千克/公顷）				
	3 000	3 750	4 500	5 250	6 000
4 500	75	38	—	—	—
5 250	113	75	38	—	—
6 000	150	113	75	38	—
6 750	188	150	113	75	38
7 500	—	188	150	113	75

2. 氮肥的分阶段调控　在总施氮量确定后，按基肥占总施氮量的40%左右（肥田少些，瘦田多些），分蘖中期（移栽后15天左右）占20%左右，穗分化始期占30%左右，抽穗期占5%~10%的比例，确定各阶段施氮量。在追肥前，可根据水稻叶色和天气情况，对实际施氮量作适当调整。

3. 磷、钾肥的施用　磷钾肥采用恒量临近的方法。磷肥全部作基肥施用，钾肥一半作基肥或分蘖肥，另一半在穗分化始期施用。在有稻草还田的情况下，可减少钾肥施用量，每还田1 000千克稻草，可少施24千克K_2O。

磷钾肥用量的确定有两种方法：

（1）根据目标产量和缺素区产量确定　如表4-18和表4-19所示。

表 4-18　不同无磷区产量和目标产量下的磷肥施用量

目标产量	无磷区产量（千克/公顷）				
（千克/公顷）	3000	3750	4500	5250	6000
4 500	75	38	—		
5 250	113	75	38		
6 000	150	113	75	38	
6 750	188	150	113	75	38
7 500	—	188	150	113	75

表 4-19　不同无钾区产量和目标产量下的钾肥施用量

目标产量	无钾区产量（千克/公顷）				
（千克/公顷）	3000	3750	4500	5250	6000
4 500	60	30	—		
5 250	90	60	30		
6 000	120	90	60	30	
6 750	150	120	90	60	30
7 500		150	120	90	60

（2）根据土壤磷钾养分含量和目标产量确定　根据目标产量和土壤磷钾养分测试结果，确定磷钾肥施用量，如表4-20和表4-21所示。

表 4-20　广东省土壤磷分级和双季早、晚稻磷肥用量参考

产量水平（千克/公顷）	肥力等级	土壤 Olsen-P（P，毫克/千克）	早稻磷肥用量（P_2O_5，千克/公顷）	晚稻磷肥用量（P_2O_5，千克/公顷）
4 500	低	<10	45	30
	中	10~20	30	20
	高	>20	15	0

（续）

产量水平 （千克/公顷）	肥力 等级	土壤 Olsen‑P （P，毫克/千克）	早稻磷肥用量 （P₂O₅，千克/公顷）	晚稻磷肥用量 （P₂O₅，千克/公顷）
6 000	低	<10	60	40
	中	10～20	45	30
	高	>20	30	20
7 500	低	<10	80	50
	中	10～20	60	40
	高	>20	45	30

表 4‑21　广东省稻田土壤钾分级和双季早、晚稻钾肥用量参考

产量水平 （千克/公顷）	肥力等级	土壤交换性钾 （K，毫克/千克）	钾肥用量 （P₂O，千克/公顷）
4 500	低	<50	60
	中	50～80	30
	高	>80	15
6 000	低	<50	90
	中	50～80	60
	高	>80	30
7 500	低	<50	120
	中	50～80	90
	高	>80	60

4. 其他配套技术

（1）选用良种，培育壮秧　选用株型和群体通透性好、抗病性较强的高产、优质良种，育秧方式采用水育秧、旱育秧、塑料软盘育秧等均可，大田育秧要求适当稀播，培育适龄壮秧。一般早稻秧龄 25～30 天，晚稻秧龄 15～2 天。

（2）合理密植，保证基本苗数　根据育秧方式不同，移栽可采用手插秧、抛秧和铲秧移栽等方式。每亩栽插或抛秧18万穴左右，杂交稻每穴1～2苗，每亩基本苗3万；常规稻每穴3～4苗，每亩基本苗6万。有条件的地方，推荐采用宽行窄株栽插，栽插规格以30厘米×13.3厘米为宜。

（3）好气灌溉，中期控苗　移栽后浅水分蘖，当苗数达到有效穗数的80％时开始露田，倒二叶抽出时恢复水层。整个生育期以湿润灌溉为主，不要重晒田。收割前一周断水，不要断水过早。

（4）防治病虫草害　三控施肥法的纹枯病、稻纵卷叶螟、稻飞虱等病虫害较轻，一般可酌情少施农药1～3次。

5. 双季稻施肥指导意见

（1）广东双季稻的施肥原则　目前广东双季稻施肥的主要问题是氮肥施用量偏高，前期施氮量过大，有机肥施用量少，为此，提出以下施肥原则：

①控制氮肥总量，根据无氮区产量和目标产量，确定总施氮量，防止过量施氮。

②氮肥后移，减少前期施氮量，增加中、后期施氮量，提高氮肥利用率。

③氮磷钾合理配比，有机无机配合，提倡稻草还田。

（2）广东双季早稻施肥建议　在亩产400～450千克的情况下，每亩氮肥用量控制在9～10千克纯N，每亩磷肥用量3千克P_2O_5，每亩钾肥用量7～8千克K_2O。氮肥分次施用，基肥占40％，分蘖肥占20％～25％，穗肥占30％～40％。有机肥和磷肥全部作基肥施用，钾肥一半作分蘖肥，另一半作穗肥施用。

如亩施猪粪尿1 000～1 500千克，则化肥用量可减少纯

N 1～2 千克、P_2O_5 1 千克、K_2O 1 千克。冬季种植紫云英的，每压青 1 000 千克紫云英可减少纯氮 2.5 千克。冬季种植蔬菜或马铃薯的，早稻的化肥用量酌情减少。常年秸秆还田的，钾肥用量减少 30%。

（3）广东双季晚稻施肥建议　在 450～550 千克/亩的情况下，每亩控制在纯氮 9～12 千克、P_2O_5 2 千克、K_2O 8～10 千克。氮肥分次施用，基肥占 40%，分蘖肥占 20%～25%，穗肥占 35%～40%，粒肥占 5%～10%。有机肥和磷肥全部作基肥施用，钾肥一半作分蘖肥，另一半作穗肥施用。

如每亩施猪粪尿 1 000～1 500 千克，则化肥用量每亩可减少纯 N 1～2 千克、P_2O_5 1 千克、K_2O 1 千克。早稻稻草还田的，钾肥用量减少 30%。

七、广西壮族自治区双季稻科学施肥指导意见

1. 早稻

（1）存在问题　部分地区氮磷用量偏大，氮肥前期施用比例过大，钾肥投入偏少，不注重中、微量元素施用；有机肥施用少或基本不施。

（2）施肥原则　有机无机相结合，提倡秸秆还田，增施有机肥，合理配施氮、磷、钾肥；注意控制氮肥总量，分期调控；配施中、微量元素肥料。

（3）施肥建议

①产量水平为 500～550 千克/亩，每亩施纯 N 11～13 千克、P_2O_5 3～4 千克、K_2O 8～10 千克。

②产量水平为 450～500 千克/亩，每亩施纯 N9～11 千克、P_2O_5 3～3.5 千克、K_2O 6～8 千克。

③产量水平为 400～450 千克/亩，每亩施纯 N8～9 千克、P_2O_5 2～3 千克、K_2O 5～6 千克。

④产量水平产为 600～650 千克/亩的超级稻，每亩施纯氮 14～16 千克、P_2O_5 4～5kg、K_2O 12～14 千克。

⑤缺锌土壤（特别是石灰性田）每亩施硫酸锌 1 千克作基肥。

⑥施用方法：30%～40%的氮肥、60%的钾肥、全部的有机肥和磷肥作基肥，40%的氮肥作分蘖肥，20%～30%的氮肥、40%的钾肥作穗肥。

⑦在常年秸秆还田的地块，钾肥用量可适当减少20%～30%。

2. 晚稻

（1）存在问题 部分地区氮磷用量偏大，氮肥前期施用比例过大，钾肥投入偏少，不注重中、微量元素施用；有机肥施用少或基本不施。

（2）施肥原则 有机无机相结合，增施有机肥，提倡秸秆还田，推广应用秸秆快速腐熟技术，合理配施氮磷钾肥，注意控制氮肥总量，分期调控，配施中、微量元素肥料。

（3）施肥建议

①产量水平为 500～550 千克/亩，每亩施纯 N11～13 千克、P_2O_5 3～3.5 千克、K_2O 8～10 千克。

②产量水平为 450～500 千克/亩，每亩施纯 N9～11 千克、P_2O_5 3 千克、K_2O 6～8 千克。

③产量水平为 400～450 千克/亩，每亩施纯 N8～9 千克、P_2O_5 2～2.5 千克、K_2O 5～6 千克。

④产量水平为 600～650 千克/亩的超级稻，每亩施纯 N14～16 千克、P_2O_5 4～4.5 千克、K_2O 12～14 千克。

⑤缺锌土壤（特别是石灰性田）每亩施硫酸锌 1 千克作基肥（早稻已施用过硫酸锌的不再施用）。

⑥施用方法：30%的氮肥、60%的钾肥、全部的有机肥和磷肥作基肥，30%的氮肥作分蘖肥，25%～30%的氮肥、40%的钾肥作穗肥，10%～15%的氮肥作粒肥。

⑦在常年秸秆还田的地块，钾肥用量可适当减少 20%～30%。

第五章　双季稻测土配方施肥发展趋势

一、近年来我国双季稻区测土配方施肥概况

2005 年以来，农业部根据连续 5 个中央一号文件精神，在财政等有关部门支持下，启动测土配方施肥补贴项目，至 2009 年底，全国已有 2 498 个县级农业区纳入中央财政测土配方施肥补贴范围，5 年中央财政累计投资 44 亿元，实施面积由 2005 年的 666.67 万公顷扩大到 2009 年的 6 666.67 万公顷以上，占到农作物播种面积的 1/2，免费服务农户达到 1.5 亿户，占到全国农户总数的 60%，其中在我国双季稻地区基本实现乡村全覆盖。

2009 年 9 月，农业部测土配方施肥工作办公室对 9 个早稻主产省 379 个项目县的早稻测土配方施肥应用效果进行调度分析，379 个项目县早稻播种面积 578.8 万公顷，其中，测土配方施肥技术推广面积 408.67 万公顷，建立测土配方施肥核心示范区面积 43.95 万公顷。调查结果表明，早稻测土配方施肥应用效果明显。一是优化施肥结构。据调查统计分析，2009 年，习惯施肥区每亩化肥用量为 24.5 千克，氮肥、磷肥、钾肥施用量分别为 12.8 千克、6.4 千克、

5.3 千克；早稻测土配方施肥核心示范区每亩化肥用量为22.9 千克，氮肥、磷肥、钾肥施用量分别为 10.7 千克、5.0 千克、7.2 千克，氮、磷、钾肥料配方比例由习惯施肥的 1∶0.50∶0.41 优化调整为 1∶0.46∶0.67。二是促进单产增加。通过实施测土配方施肥，核心示范区、辐射推广区单产均有不同程度增加。核心示范区与习惯施肥相比，每亩增产 42.4 千克，增幅为 8.5%。三是提高化肥利用率。据统计，测土配方施肥辐射推广区和核心示范区的化肥贡献率分别达到 62% 和 68%，比习惯施肥区分别提高 10 个百分点和 16 个百分点。同时，施肥数量和结构更加合理。核心示范区化肥用量比习惯施肥区平均每亩减少 1.6 千克，其中氮肥用量减少 2.1 千克、磷肥用量减少 1.4 千克、钾肥用量增加 1.9 千克。四是促进农民增收。与习惯施肥区相比，早稻测土配方施肥核心示范区平均每亩节本增效 60.0 元，其中亩均增产增收 54.0 元，节本增收 6.0 元。

2009 年 12 月，农业部测土配方施肥工作办公室组织有关省（自治区、直辖市）对中晚稻测土配方施肥应用效果进行了调查，调查范围包括湖北、湖南、江西等 17 个省（自治区、直辖市）671 个项目县。据统计，2009 年 671 个项目县中晚稻播种面积 128.8 万公顷，其中推广测土配方施肥技术 107.6 万公顷，占调查项目区水稻播种面积的 84%；测土配方施肥示范区面积 85.33 万公顷，占调查项目区水稻播种面积的 66%。调查结果显示，中晚应用测土配方施肥技术取得了明显成效。一是促进施肥结构改善。通过测土配方施肥，优化了肥料配比，改善了施肥结构。从调查统计数据分析，测土配方施肥示范区中晚稻平均每亩化肥用量为23.5 千克，其中氮肥、磷肥、钾肥施用量分别为 11.8 千克、5.2千克和6.5千克，氮、磷、钾肥料配比由习惯施肥的1∶0.44∶0.37优化调整为1∶0.44∶0.55。二是促进单产提高。测土配方施肥示范区与习惯施肥区相比，中晚稻亩均增产44.5千克，增幅达9.5%。三是促进化肥有效利用。据测算，测土配方施肥补贴项目区每千克化肥（纯养分）生产稻谷为21.7千克，比习惯施肥区的19.7千克提高了2.0千克，肥料的施用效率提高了10%。四是促进节本增收。与习惯施肥区相比，测土配方施肥示范区平均每亩减少不合理化肥用量0.7千克，种植收益增加100元，其中增产增收85.3元，节本增收15.5元。

二、双季稻测土配方施肥成功经验与案例

（一）湖南省

2005年在13个双季稻主产县启动测土配方施肥补贴项目，至2009年，该省已有涉及131个县级行政区、8个县级场（所）纳入中央财政测土配方施肥补贴项目范围，实现了县级农业行政区"全覆盖"，项目覆盖3.74万个村，惠及96.56万农户。据该省测土配方施肥效果评价专家组调查，该省2005—2009年累计推广测土配方施肥技术达到1 218.267万公顷，其中水稻842.18万公顷。全省仅水稻和玉米通过推广应用测土配方施肥技术节约农业生产成本18.93亿元，新增产值58.68亿元，同时，项目区氮肥和磷肥的年投入量减少9.4%和7.7%，降低了农业面源污染的产生风险，节本增收77.61亿元，项目经济、生态效益十分显著。该省结合当地双季稻生产特点和农村经济发展水平，为满足广大农民对测土配方施肥技术的需求，促进配方肥的

推广应用，进行了大胆探索和有益尝试，形成了4种主要推广模式。

1. 农技部门与加工企业、龙头企业、种植基地农户互动模式　即由农业技术推广部门测土配方，肥料定点加工企业生产配方肥，龙头产品企业统一销售给基地农户。在基地生产上，形成统一供种、统一供肥、统一供药、统一收购、统一栽培管理措施的配方肥推广模式。平江县优质米加工龙头企业旺云米业年加工优质稻米能力在7.5万吨以上，该企业分别在8个乡镇建立优质稻生产基地2 667公顷，以订单形式向农民收购优质稻，县农业局与该公司签订协议，对基地范围内的2 667公顷优质稻推广测土配方施肥技术。由农业技术推广部门免费为基地取土化验，发放施肥建议卡并进行施肥技术指导；旺云米业负责一定的宣传费用，并与农户签订购肥合同，在收购优质稻时扣除肥料款；配方肥中标企业按厂价供应配方肥，使2 667公顷优质稻生产基地全部用上了配方肥。靖州县农业局与靖州四通米业结合，对该企业的480公顷优质稻生产基地实行统一供种、统一供应配方专用肥、统一进行病虫害综合防治，统一收购优质稻，促进测土配方施肥技术推广。

2. 种植大户带动模式　随着农村联产承包责任制的不断发展和深化，土地的流转，农村中涌现出了一大批种植大户，这些种植大户大多是种田能手，对农业科学技术反应比较敏感，接受能力强，同时，他们的行为对当地农民群众具有较大的影响。在测土配方施肥行动中，各县充分利用种粮大户种植面积大、辐射作用广、示范作用强的特点，优先对他们进行技术培训和现场技术指导。其中益阳市赫山区牌口乡利兴村农民刘进良今年承包双季早稻248.67公顷，区农业局免费为他承包的稻田进行取土样化验，根据化验结果和目标产量制定配方施肥建议卡并进行施肥技术指导。看着如此少的施肥，他怎么也不信这个建议。最后县土肥站与其签订协议，承诺如果按测土配方施肥建议卡施肥后的单产低于其经验施肥的单产，减产部分由县土肥站负责赔偿。结果通过对比试验，测土配方施肥的早稻每亩节省纯氮 1.3 千克，节约化肥成本 6.78 元，增产稻谷 26.8 千克，增加产值 40.2 元，增收节支 46.98 元，节支增收总值 128 255.4 元。由于采用测土配方施肥，禾苗生长稳健，成熟时叶青籽黄，落色好，区农业局组织当地村、组干部和农民群众参观学习，并因势利导，在该乡双季晚稻大面积推广测土配方施肥，使该乡的千余户农民、4 000 公顷双季晚稻田都吃上了"配方套餐"。平江县有种粮大户 192 户，面积达 367 公顷，分布在全县 27 个乡镇，在群众中影响较大，县农业局把种粮大户作为推广测土配方施肥的突破口，实行配方到田，技术指导到户，通过种粮大户的示范作用，调动了广大农民推广配方施肥技术的积极性，今年全县测土配方施肥总面积达到 9.1 公顷。沅江市是国家首批商品粮县（市），全市共有种植大户 403 户，其中种植水稻 3.3 公顷以上的 160 户。2009 年 3～5 月，市农业局免费为种植大户采集土样 509 个，发放施肥建议卡和作物施肥指导意见 1 426 份，举办培训班 3 期，培训大户 520 人次，派技术人员下乡田间指导 35 人次，为种植大户提供了全方位的测土配方施肥服务，有效地促进了当地测土配方施肥技术的推广。

3. 协会参与模式　随着农村经济的发展，各地成立了许多名特优农产品协会（或农民专业合作组织），如优质稻米协会、柑橘协会、烤烟协会、茶叶协会、玉米协会、西瓜协会等。这些协会组织化程度高，生产经营规模大，对测土配方施肥要求迫切，各项目县（市、区）农业局因势利导，组织这些协会参与测土配方施肥工作，由协会派员与农业部门一起进行野外调查采样，根据不同土壤养分化验结果、不同农作物需肥特性和农产品品质要求，共同研制肥料配方，推进测土配方施肥，取得了十分显著的成效。慈利县将全县18个专业协会组织起来，优先5.86万户协会会员开展"六统一"服务，即统一宣传培训、统一选点取样、统一化验分析、统一制定配方、统一供应配方肥和统一技术指导。县土肥站首先根据各协会的不同农作物制定相应的测土配方施肥技术方案，再培训专业协会中的技术骨干，使其全面掌握技术要点，然后由县测土配方施肥技术专家组成员和这些技术骨干对会员进行面对面的施肥技术指导，有效地推广了测土配方施肥技术，通过这一形式，使9 263人、5.86万户、1.37万公顷优势特色作物直接受益。石门县种植柑橘面积3万公顷，是全国闻名的柑橘之乡，有17个主产乡镇成立了柑橘协会，县农业局与他们签订了测土配方施肥技术服务合同，为橘农免费取土、测土、开展施肥技术指导。该县楚江镇柑橘协会今年推广柑橘测土配方施肥面积933.33公顷，平均每亩增施有机肥1 500千克，节省纯N 2.1千克，节支9.24元，节省P_2O_5 1.6千克，节支6.4元，节省K_2O 0.4千克，节支1.4元，合计节支17.04元；增产柑橘175千克，增加产值175元，节支增收总值192.04元。同时成功解决了柑橘因缺锌产生的叶片和果实黄化等生理病害，因缺硼、缺钙、缺镁产生的僵果裂果，因施肥不当果树营养不平衡产生的大、小年产量差异和因中、微量元素缺乏产生的果实着色不均匀、商品果率不高等四大难题。龙山县洗洛乡百合协会种植百合面积 533.3 公顷，县农业局根据该乡百合协会的要求，进行取土化验，根据土壤化验结果和百合需肥规律，结合目标产量研制出肥料配方，发放施肥建议卡，按建议卡施肥。平均每亩节省纯 N 6 千克、P_2O_5 3.8 千克、K_2O 5 千克，节支 59.1 元、增产百合 52 千克，增加产值 156 千克，共节支增收 215.1 元。

4. 农技站连锁经营模式　平江县有基层农技站 24 个，基层一线农技人员有 500 多人。每个农技站都办了一个农资经营门市部，县农业技术推广中心采用农技站农资连锁经营模式推广配方肥，由县级农业技术推广部门为农资连锁经营店提供配方肥、种子、农药及技术资料，连锁经营店就成为宣传测土配方施肥技术的窗口。该县伍市镇农技站农资连锁经营店 2009 年上半年推广配方肥 1 800 多吨，施用面积 3 000 多公顷，全镇早稻配方肥覆盖率达到 95%。以乡镇为单元推广配方肥模式。益阳市赫山区采用农技站连锁经营模式，以乡镇为单元经销区域，各乡镇农技站长负责本乡镇的配方肥配送服务。所有的配方肥由农技站设点专营，这样既降低了流通经营成本，又保证了配方肥的推广应用。区农业局公开承诺，如果由于使用配方肥造成作物减产，由农业局负责赔偿，农民可以放心使用。通过这种方式推广配方肥，农民放心，有利于扩大配方肥的影响，加快配方肥的推广速度。

通过突出抓好种植大户的测土配方施肥技术推广，全省产生了大批应用测土配方施肥实现节本增收的典型，如沅江市共华镇蒿北村种粮大户刘光辉 2006 年租地种植水稻 20.3 公顷，严格按照市土肥站发放的施肥建议卡实施测土配方施肥，比 2005 年每亩节省成本 7.1 元，增产稻谷 43.7 千克，全年节本增收 23.35 万元，他逢人就说："测土配方施肥是我的致富财神，测土配方施肥种一年田抵得上我过去种两年田"。醴陵市黄达嘴镇村黄建良承包稻田 18 公顷，从 2006 年开始推广测土配方施肥，通过专家田间测产，测土配方施肥区稻谷产量每亩为 639 千克，比习惯施肥区增产 40 千克，节约化肥成本 18 元。少打两次农药，节省农药款和打药工钱 20 元，合计增收节支 110 元。仅早稻一季共增收节支 29 700 元。由于他种粮面积大、产量高，被醴陵市人民政府评选为"优秀种粮大户"，2008 年 5 月 5 日，在湖南卫视、株洲电视台、株洲日报等多家媒体的镜头下，黄建良从醴陵市人民政府易顶峰副市长手中捧回了一块金灿灿的"优秀种粮大户"牌匾和 1.3 万元奖金。他回到村里乐哈哈地对村民们说："是农业局土肥站推广的测土配方施肥技术让我获得了这么大的荣誉"。

（二）湖北省

湖北省 2005—2009 年，已有 105 个县（市、区）纳入测土配方施肥补贴范围，5 年累计实施测土配方施肥面积 2.62 亿亩（次），累计新增效益 104.6 亿元。测土配方施肥工作已由局部性工作向全局性工作转变，由阶段性工作向长期性工作转变。农民施肥观念明显转变，项目区 80% 农户均欢迎应用测土配方施肥技术，按卡施肥、按配方施肥比较普遍，60% 农户施用了专用配方肥；氮、磷、钾养分施用结构由 2004 年的 1：0.49：0.27 调整为现在的 1：0.53：0.30，氮肥施用比例连续 4 年相对下降，氮、磷、钾比例逐步趋近合理。通过 5 年的工作，形成了适合当地的五种模式：

第一种为协会组织模式。这种模式主要是以农业技术服务部门、农民和肥料产销企业组织的协会组织为纽带，在特色作物上开展测土配方施肥技术服务。这种模式以长阳县为代表，这种模式的优点是将农业服务、肥料生产、经营和农民联系在一起，成为利益共同体。主要运作方式：由农业服务机构组织配方肥定点加工企业、肥料经销商和部分种植大户、专业合作组织等成立协会。协会分别与定点加工企业、肥料经销商签订产销服务协议，确保配方肥供应按约定的路线进行。协会以股份形式运作，即以一亩为一个基本单位，农民以运用一亩配方肥为一股；生产和经营者以生产、供应一亩肥各为一股；各会员按股获取协会利益。农业部门负责土壤采集、测试、试验，提出各区域、各作物的施肥配方，为农民广泛开展技术培训，以协会名义为愿意参加的农户发放施肥建议卡的同时提供配方肥购置优惠卡，一般一卡一亩，并为企业搞好肥料配方设计；企业按照农业部门的配方设计生产配方肥料，并按区域和作物播种要求，将配方肥优惠直供到授权经营的肥料经销商，一般每亩优惠 5～10 元；农户持优惠卡到指定的肥料经销商购买适合自己的配方肥品种和数量，并按指导意见进行施肥；完成一次产销服务过程后由定点加工企业为协会按每亩提供 2～5 元服务费，作为协会分红基本金。

第二种为专业组织服务模式。这种模式主要是在农业技术服务部门引导下，配方肥定点加工企业与农民专业合作组织开展产销直供的服务模式。这种模式以宜昌市夷陵区为代表。这种模式的好处是专业合作组织本身是农民共同组织起来的团体，他代表了组织成员——农民的全体利益，还可以为其他农户应用配方肥料作示范引导。主要运作方式为：农业技术服务部门组织对专业合作组织开展个性化服务（夷陵区有柑橘专业合作组织10多个），帮助他们开展土样测试和评价，开展试验示范，搞好配方设计和施肥指导，发放施肥建议卡，根据需要开展多形式的培训活动，同时对肥料产品质量进行监督，确保农户利益；专业合作组织代表农户利益，积极与农业部门联系，寻求及时的田间指导和技术培训服务，与配方肥定点加工企业联系，开展配方肥直供，让利于农；定点加工企业将专业合作组织作为肥料经销商，实现产品直供，减少中间环节，降低了经营成本。

第三种为智能配方服务模式。这种服务模式主要是以企业为主体、技术为纽带、农民为对象，在农业技术服务部门采样测试、田间试验、宣传培训基础上，企业充分利用农业部门的技术资源，对农民开展个性化智能配肥、施肥指导服务。这种模式的好处是可以对配方肥料进行小批量生产、个性化供应，直观有效，很易被农户接受。这种模式的主要代表是荆州市荆州区。运作方式为：农业部门为农户提供一手资料，农业部门在采样测试、田间试验和配方设计的基础上，为农户提供土壤信息资料和配方施肥指导意见，开展技术培训；定点加工企业在农业部门服务区域以乡镇或大村为单位建立智能配肥服务点，为农民开展及时的配肥和供肥服务，目前荆州区已建立10个这样的智能配肥服务点。农民拿着农业部门提供的相关土壤信息资料或包含有自家田块土壤信息资料的智能IC卡到智能配肥服务点，根据作物种植情况，购买相宜的配方肥料。

第四种为农企配合服务模式。这种服务模式，基本上是按照"一讲三带"方式进行，即农业技术服务部门在大量的土壤采集、测试、试验示范的基础上，为农民开展技术培训，开展讲座，同时带土壤测试信息、试验示范结果和配方信息，定点加工企业按照农业部门在"一讲三带"中给农民送去的信息，开展配方肥供应和农化服务，这种方式的优点是技术服务与企业结合紧密，有利于服务到位。这种方式的主要代表有枝江、潜江、松滋等。主要运作方式为：农业部门为农户提供一手资料，在采样测试、田间试验和配方设计的基础上，为农户提供土壤信息资料和配方、施肥指导意见，开展技术培训，并带土壤测试结果、配方设计方案和施肥指导技术资料。同时与适宜的定点加工企业联系，指导配方生产、服务配方肥供应，每年春秋两季组织对配方肥进行抽查检验。定点加工企业按照农业部门的要求，及时生产和定点供应各区域有针对性的配方肥料，并与农业部门一起开展系列农化技术服务，并向社会承诺产品供应及服务质量。农企联合定期或不定期组织相关技术咨询服务和生产指导，及时解决农民生产中的问题。

第五种为技术服务推动模式。这种服务模式主要以农业部门为主体、农民为对象、引导企业参与形式进行，这种形式农业、企业、农民之间相对独立，关键点看农业服务是否到位、效果是否明显。这种服务模式的主要代表有天门等大多数县市。其主要运作方式基本按照"五定三跟踪"方式进行，即在农业部门开展采样测试、田间试验和配方设计的基础上，为农户提供土壤信息资料和配方、施肥指导意见，开展技术培训的同时，定配方肥企业、定确定区域作物配方、定配方肥销售门点、定标识、定产品指导价和跟踪搞好产品质量检测、跟踪搞好农化服务、跟踪搞好农户使用效果调查。这些服务模式基本都是以"四家一方"服务模式为主线，把专家、厂家、商家和农家有机结合在一起，专家出配方、讲技术，厂家产配方、搞服务，商家供配方、做示范，农家用配方、得成果。

（三）广西壮族自治区

广西自 2005 年以来，全面推进测土配方施肥工作，测土配方施肥补贴项目县由 2005 年的 2 个，发展到今年 98 个项目县（单位），实现了全区所有县（市、区）和农垦农场的全覆盖，累计投入财政补贴 1.388 亿元。目前已为农民免费采集土壤样品 373 375 个，分析测试 123.8 万项次，累计推广应用 1.2 亿亩（次），已成为全区近年来推广应用面积最大的农业生产重点支撑技术，农民十分欢迎，社会影响大，取得了显著的成效。一是促进了粮食增产。水稻平均每亩增产 30.8 千克，增幅 7.4%。二是促进了农业节本增效。2005—2008 年全区累计减少了化肥施用 18.30 万吨（折纯量），平均每亩节本增效 36.4 元，累计节本增效 34.10 亿元。三是促进了资源合理利用。通过实施测土配方施肥项目，优化了肥料施用结构，不仅提高了肥料利用率，降低了农业生产成本，而且有利于改善农业生态环境，减轻面源污染。四是促进了农民科学施肥意识的提高。随着测土配方施肥工作的深入开展，通过建立示范区和加强技术培训，广大农民亲眼目睹测土配方施肥的实际效果，享受科学施肥带来的实惠，潜移默化地改变了施肥习惯，越来越多的农民群众开始摒弃传统施肥方法，不断自觉接受测土配方施肥技术，农民科学施肥意识日益提高。五是促进了基层农业技术部门服务能力的提升。通过项目实施，各项目县（市、区、农场）通过建立完善化验室，整合技术力量，强化技术培训，使得基层农业技术部门在硬件和软件方面都得到很大改善，服务能力得到明显提升。在推进测土配方施肥过程中，形成了 3 种典型推广模式。

1. 技术入户模式　一是免费对农民进行技术培训。区、市、县三级农业行政和土肥技术推广部门根据项目规定和农业部测土配方施肥培训大行动有关要求，结合"千万农民实用技术大培训"等重大培训活动，在项目区大力开展形式多样的测土配方施肥技术大培训，各级技术指导人员深入田间地头和农户家中，利用多种方式对农户"零距离"培训测土配方施肥技术。如荔浦县在青山镇满峒村创建"农家课堂"，县农业局和土肥站组织专家定期对农民进行技术培训，这种"农家课堂"培训模式，使农民养成了学习的好习惯，他们自动踊跃参加培训，凡是接受过培训的农民朋友，都对测土配方施肥基本知识、真假肥料识别、作物施肥技术要点等有了一定的了解和掌握，大大提高了测土配方施肥技术入户和技术应用。二是免费向农户发放施肥建议卡。各项目县及时将采样测土数据、田间试验数据进行收集和整理，通过施肥软件和专家施肥经验制成施肥建议卡，通过各种渠道向农户发放，把数据成果及时转化为生产力，服务于农业生产。三是创新推行"测土信息公示和施肥指导方案上墙"技术入户模式，把采样地块测土信息和施肥指导方案以图表的形式整理好，形成一张集村级土壤采样、测土信息、施肥指导方案和技术咨询电话于一体的测土配方施肥综合信息表，以农民看得懂、易接受的形式公布于村、屯政务信息栏或村头醒目的墙体位置上。这种新的技术入户模式，具有科学直观、通俗易懂、经济长效等优点，得到了农民们的高度认可。四是开展"一对一"个性化技术帮扶服务活动。2008 年自治区组织区、市、县三级土肥技术部门和技术干部开展了"一对一"技术帮扶活动，免费为帮扶农户或村屯提供技术指导和服务。各级土肥站和技术人员深入联系村、联系户开展调查研究，掌握联系对象的生产生活情况，分析存在的问题，提出解决办法和技术措施，取得了实效。2008年广西各级土肥部门共为91个自然村和768家农户提供了"一对一"个性化技术帮扶服务，使测土配方施肥技术推广应用更有深度，更有针对性，更有效果。

2. 配方肥推广模式　一是公布配方信息。67个国家项目实施单位通过会议、网络、招标等方式向社会、企业发布了211个配方，用更加开放和服务的理念推进配方肥发展和推广应用工作。二是加强引导企业参与配方肥生产、销售和推广。共组织认定了24家省内外大、中型国有和民营肥料企业为配方肥定点生产销售企业。企业定点生产销售配方肥实现了把配方肥直接从企业生产基地直供到农户，缩短和减少配方肥流通环节和经销环节，大幅度降低成本，让利于民。三是加强肥料市场整治，确保配方肥质量。全区各级农业部门积极会同质检、工商等有关监管和执法部门，加强肥料市场的整治和监管，依法惩治销售假冒伪劣肥料的不法行为。如2008年上半年，贺州市农业部门积极配合中央和地方查处贺州区内出现的假肥料销售案，严厉打击和震慑了造假企业和商贩，有力净化当地肥料市场，为配方肥市场营造良好环境。

3. 宣传互动模式　各项目县采取灵活多样的方式，充分利用电台、电视、报刊、简报、网络宣传等方式向社会宣传测土配方施肥技术，同时结合当地民族特色采取科技赶集、大篷车宣讲、唱山歌等群众喜闻乐见的形式向农民宣传测土配方施肥技术。自治区也每年定期在广西电视台卫星频道、资讯频道的"三农热线"和"走进农家"、广西日报、农民日报、南方科技报等省级媒体，对测土配方施肥重大活动进行采访、录像和报道，营造测土配方施肥良好的社会氛围。这些强有力的宣传措施取得了显著效果，使测土配方施肥技术进村入户，家喻户晓，成为农村人人信服、人人向往的一项农业科学技术。

（四）广东省

广东省自 2005 年以来，稳步推进测土配方施肥行动，突出重点区域和主要优势农作物，2009 年实现测土配方施肥县级农业行政区全覆盖，全省有 96 个项目单位实施测土配方施肥项目，覆盖 105 个县（市、区），其中国家级项目县 86 个。据统计，2005—2009 年上半年，全省累计实施测土配方施肥面积达 624.66 万公顷，累计新增经济效益55.32 亿元，平均每亩节本增效 72.35 元，其中水稻增产 26.02 千克，节本增效 58.03 元。共减少不合理施肥 24.21万吨，平均每亩节省肥料 3.1 千克，节约肥料投入成本16.5 元，其中水稻每亩减少不合理施肥量 2.8 千克，肥料施用结构得到明显优化，全省施肥结构由习惯施肥的 1：0.33：0.62 调整为 1：0.27：0.8。主要措施：

一是加强组织领导，增加资金投入。广东省高度重视测土配方施肥工作，省委、省政府领导多次亲临测土配方施肥示范区检查指导，省政府把测土配方施肥列入工作重点，并从 2007 年起每年在省级财政预算中安排省级农用地测土配方施肥专项资金 1 000 万元，并把测土配方施肥列为每年全省农业主推技术之首项，成立了广东省测土配方施肥行动领导小组。各项目县纷纷成立了机构，形成一级抓一级、层层抓落实的工作机制。并实行合同管理，农业厅分别与农业部、项目县农业局签订了任务合同。全省各地加大对测土配方施肥的资金投入，四年来全省各级增加测土配方施肥资金的投入 3 500 多万元，其中，2007 年各级地方财政投入资金 2 010 万元，2008 年 1 500 万元。

二是制订实施方案，抓好分类指导。省农业厅和财政厅每年制订好项目实施方案，及时下达到项目县；并根据项目县中巩固、续建和新建三类不同的分类，做好分类指导，明确工作任务和目标，指导项目县按照不同的建设任务有效地开展工作。

三是落实技术规范，精心组织实施。广东省各项目县根据项目实施方案和农业部《测土配方施肥技术规范》，按照"测土、配方、配肥、供肥、施肥指导"五个环节认真开展十一项工作。

四是创新工作方式，做好培训宣传。为进一步加强技术指导，成立了由推广、科研、教学等单位组成的广东省测土配方施肥行动专家组，指导各项目县工作的开展，做好培训教材、宣传挂图、指导手册和测土配方施肥通知书等技术资料的编制，编印《测土配方施肥·广东行动》画册，拍摄制作 DVD《广东测土配方施肥在行动》；举办全省性测土配方施肥培训班，开展"测土配方施肥科技下乡暨特色农产品挑战活动"，和"百县千乡"科学施肥指导活动。

五是动员多方力量，共推测土配方施肥。动员社会各方力量，充分发挥各行各业的优势，支持参与测土配方施肥工作。广东省制定了配方肥定点生产企业的认定和管理办法，出台了相关措施，积极引导肥料生产企业参与配方肥的生产和推广，全省各地认定了广东省农业科学院农作物专用肥厂等 13 家配方肥定点生产企业，生产推广了 82 个品种的配方肥 26.65 万吨，施用面积达 44.76 万公顷，涉及农户达 240 多万户，覆盖 2.1 万个村庄，各项目县农业局与配方肥定点生产企业积极配合，涌现了"以县（市、区）农技推广中心负责总经销、各镇农业技术服务站配送供应到各村（户）"，或"农业、科研部门联合（测土、配方、示范推广）—配方肥定点生产企业作主体（配肥、送肥）—农民施用（用肥）"或"配方肥定点生产企业＋农业推广中心＋配方肥销售点"等多种合作模式。

六是加强资金管理，强化项目管理。按照农业部和财政部的要求，对各项目县严抓落实项目管理措施，切实加强项目资金管理，确保补贴资金专款专用。

七是加强肥料市场监管，确保用肥质量。省农业厅每年年初都制定《广东省肥料打假专项整治行动实施方案》，组织各级农业行政主管部门发挥肥料打假专项整治的牵头作用，主动加强和工商、质监、公安等部门的沟通和协作，加大肥料市场监管和专项整治力度，严厉查处不合格产品的企业和产品，保证了农业生产用肥质量，维护了农民的合法权益。

（五）江西省

江西省 2005 年以来，先后有 87 个县（市、区）实施测土配方施肥补贴项目。五年累计完成测土配方施肥面积 664.55 万公顷，其中水稻面积 584.70 万公顷，项目区水稻测土配方施肥比常规施肥每亩增产 24.43 千克，增幅达 6.1%，共增产粮食 216.7 万吨；项目区每亩减少不合理化肥投入 1.2 千克，共减少不合理化肥施用量 11.96 万吨。项目区平均每亩节支增收 47.6 元，全省共节支增收 47.4 亿元。在项目实施过程中，全省初步形成了以"六十字法"、"三项服务"、"三个结合"、"三个大小"为主要内容的"60333"测土配方施肥工作指导体系，项目县也积极探索出了测土配方施肥技术推广的成功经验。

1. 六十字法　即"测土到田、配方到厂、供肥到点、指导到户"16 字推广模式；"控氮、稳磷、增钾、补微"8 字施肥原则；"以磷定基、微在基中、追补氮钾"12 字施肥技术路线；"专家配方、省级核准、统一品牌、一县三企、委托加工、网点供应"24 字配方肥配制营销机制。

2. 三项服务　测土配方施肥服务于社会主义新农村建设；服务于发展循环经济、构建和谐社会；服务于"一村一品"发展。

3. 三个结合　测土配方施肥与新型农民培训和科技进村入户工程相结合；与优粮工程、沃土工程等农业重大项目实施相结合；与"多播一斤种、增收百斤粮"活动相结合。

4. 三个大小　一是抓大促小，包括抓大宗作物促进其他作物的发展、抓大区域促进其他区域的发展、抓大型配方肥加工企业促进中小型配方肥加工企业的发展；二是抓大配小，包括抓大量元素肥料配中微量元素肥料、抓大方小调整；三是抓大带小，通过开展助农兴粮"151"挂牌服务活动，抓种粮大户，辐射带动周边农户的发展。

5. 三个联动　即做到了上下联动有力配合；部门联动有力配合；农企联动有力配合。上下联动就是省、市、县、乡、村在测土配方施肥的各个环节，按照各自的职责和分工，紧密配合和联动，真正把测土配方施肥技术落到实处；部门联动就是土肥部门和农技、植保、种子等部门在栽培、病虫害防治和品种选择上进行配合和联动，进行综合服务，力争测土配方施肥效益最大化；农企联动就是土肥部门和配方肥加工企业在配方肥料的加工和供应上进行配合和联动，大力推广配方肥料。

三、双季稻测土配方施肥技术发展趋势

1. 双季稻养分资源综合管理技术　养分资源综合管理技术以高产水稻的生长发育规律、养分需求规律和土壤养分供应规律为基础，结合高产栽培技术，对不同营养元素采用不同的管理策略。氮素管理采用区域总量控制、分期调控技术，磷、钾采用实地恒量监控技术，中、微量元素因缺补缺。强调养分管理要与提高产量、降低养分损失的各种措施相结合，根层养分调控是保证作物高产、降低环境风险的关键，提出了以根层养分调控为核心的养分管理新途径，强调根据高产作物需肥特点重视追肥施用。

（1）**氮素实时监控，总量控制、分期调控**　针对土壤氮素高度的时空变异和作物氮素吸收与根层土壤氮素供应难以同步的现状，从根层养分调控的思路出发，根据高产作物氮素吸收特征，建立了氮素实时监控技术。其要点是：①根据高产作物不同生育阶段的氮素需求量，确定根层土壤氮素供应强度的目标值（范围）；②根层土壤深度随作物生育进程中根系吸收层次的变化而变化，并受到施肥调控措施的影响；③通过土壤和植株速测技术，对根层土壤氮素供应强度进行实时动态监测；④通过外部的氮肥投入，将根层土壤的氮素供应强度始终调控在合理的范围内，以此实现土壤、环境氮素供应和氮肥投入与作物氮素吸收在时间上的同步和空间上的耦合，最大限度地协调作物高产与环境保护的关系。

氮素实时监控技术在农田尺度上通过对根层土壤氮素的精细监测与调控，很好地解决了协调作物高产与环境保护的氮肥管理问题，特别是针对高产作物后期氮素需求增加的特征，优化了氮肥在不同生育时期的分配。但是，由于我国农业生产具有分散、规模小的特点，每个农户要频繁进行氮素的实时监控管理既不经济，也有一定难度。因此，针对一定区域内作物高产栽培技术、养分需求规律及土壤与环境养分供应特点比较类似的实际情况，提出了"总量控制、分期调控"的简化模式，为解决中国特色的农田氮肥管理提供了新的途径。

这一模式的重点首先是要确定一定区域内作物生长期间的氮肥推荐总量，然后根据在该区域内围绕氮素实时监控技术进行的大量试验的总结，确定作物生育期内氮肥的合理分配比例，以此实现氮素实时监控技术在区域层面的推广应用。

（2）以养分平衡为手段，以根层磷钾适宜范围为目标，实行磷钾恒量监控管理　明确保障持续高产稳产需要相对较高的土壤肥力是根层有效磷钾应达到的低限，将土壤有效磷钾不应高到对环境造成风险或资源浪费作为根层有效磷钾应该控制的高限。依据上述原则，通过大量田间试验，建立不同区域主要作物的根层土壤有效磷钾指标和土壤磷的环境风险指标。同时确定以 3～5 年为一个周期来进行土壤磷钾监测，依据根层养分监测结果，结合磷钾养分收支平衡，提出"提高"、"维持"或"控制"的管理策略及对应的施肥推荐，将根层磷钾长期维持在一个适宜水平和发挥作物本身利用磷钾养分的生物学潜力，同时鉴于粮食作物秸秆中累积的钾往往占吸钾量的 80% 以上，恒量监控技术特别强调秸秆还田在钾收支平衡中的重要作用，在利用和提高养分生物有效性的基础上简化了管理，既能使土壤磷、钾肥力满足持续高产稳产的需求，而且不对生态环境构成威胁的要求，又克服了以往钾肥推荐难以实现土壤养分收支平衡，造成土壤钾素肥力下降的问题。

（3）中、微量元素因缺补缺　中微量元素具有典型的"木桶效应"，缺则减产甚至绝产，丰则贮于根层，依赖作物的生物学潜力发挥而被活化利用。为此，我们提出了在提高生物有效性的基础上，中、微量元素因缺补缺、矫正施用的养分管理策略，并建立与更新了不同作物的中、微量元素养分管理指标体系。

2. 配方肥的研发与推广应用　随着化肥施用量的大幅度增加和农业生产水平的不断提高，传统的施用单一肥料品种和凭经验施肥的方法，已经不能适应农业生产发展的要求。自 2005 年农业部启动中央财政测土配方施肥补贴项目以来，为了加快推广与不断优化配方施肥技术，各地根据《中华人民共和国政府采购法》、《政府采购货物和服务招标投标管理办法》（财政部第 18 号令）、财政部、农业部《测土配方施肥试点补贴资金管理暂行办法》（财农〔2005〕101号文），分别制定了《测土配方施肥项目配方肥定点加工企业和仪器设备采购管理办法》，通过公开招标或认定，确定了一批配方肥定点加工企业，其中湖南省已确定配方肥定点加工企业 29 个，研制配方肥配方 2 819 个，2006—2008 年累计推广作物专用配方肥 218.34 万吨，施用面积 5 209.33万亩。实践证明，农作物专用配方肥把测土配方施肥技术与肥料融为一体，使肥料成为科学施肥技术的载体，农民在购肥料的同时就得到了科学施肥技术，这种物化技术的推广，既简化了农民的操作手续，又强化了科学施肥技术的推广，它标志着湖南省施肥技术的改革发展到一个新的阶段，达到了一个新的水平。

3. 缓控释配方肥研发与推广应用　广义的控释肥料包括能延长养分释放期的缓释肥料，而确切意义的控释肥料是指那些养分释放速率能与作物不同生长阶段养分需求量相一致或基本一致的肥料。

国外的控释肥料范围包括包膜与包囊肥料，例如日本将聚乙烯包膜尿素称为包膜肥料，泰国将天然橡胶乳汁与尿素混炼，埃及将丁苯橡胶硝酸混炼称为包囊肥料。这种采用物理的方法，在肥料中加入难液性网状结构物质混合后形成、借助于填充基质延缓水溶性肥料养分释放的包膜或包囊肥料均为控释肥料。

针对国外的聚乙烯、橡胶乳汁及丁苯橡胶在土壤中不易腐解，污染土壤和环境，不利于生产绿色食品的弊端，湖南省对控释配方肥的包膜或包囊材料进行了技术革新，即根据不同土壤、不同作物的需肥规律，在配方肥料中加入不同比例的海泡石、麦饭石和膨润土。由于这些包膜或包囊材料物理结构具有网状孔隙和较大的比表面积，对养分离子具有较强的吸附作用，施入土壤后，离子的交换作用相对平稳，因而能够在相当长的时间内缓慢地释放养分，既能保证作物高产对养分的需求，又防止了肥料因反硝化作用、渗透作用、淋失作用而造成的损失。同时，这些包膜材料中含有作物生长发育必需的中、微量元素，不仅有利于提高农作物产量和农产品质量，而且有利于改良土壤、培肥地力，保护农业生态环境，生产绿色食品。

附　　录

附录一　大量元素肥料含量和性质

化肥类型	化肥名称	主要成分分子式	养分含量（%）	化学反应	养分溶解性	化肥的物理性状
氮肥	铵态氮肥					
	硫酸铵	$(NH_4)_2SO_4$	N:20.8～21	弱酸性	水溶性	吸湿性弱
	氯化铵	NH_4Cl	N:22.5～25.39	弱酸性	水溶性	吸湿性弱
	碳酸氢铵	NH_4HCO_3	N:16.8～17.10	碱性	水溶性	易潮解挥发
	氨水	$NH_3 \cdot H_2O$	N:15～17	碱性	液态	挥发性强，腐蚀性强
	硝态氮肥					
	硝酸铵	$(NH_4)_2NO_3$	N:34～34.6	弱酸性	水溶性	吸湿性强，易结块
	硝酸铵钙	$NH_4NO_3+CaCO_3$	N:20	弱酸性	水溶性	吸湿性强，不结块
	酰胺态氮肥					
	尿素	$CO(NH_2)_2$	N:46	中性	水溶性	有吸湿性，结块
	石灰氮	$CaCN_2$	N:18～20	碱性	微溶于水	吸湿性强，结块变质

（续）

化肥类型	化肥名称	主要成分分子式	养分含量（%）	化学反应	养分溶解性	化肥的物理性状
磷肥	水溶性磷肥	过磷酸钙	$Ca(H_2PO_4)_2 +$ $CaSO_4$	P_2O_5:12～18	酸性	水溶性	有吸湿性腐蚀性
		重过磷酸钙	$Ca(H_2PO_4)_2$	P_2O_5:40～45	酸性	水溶性	有吸显性腐蚀性
	弱酸溶性磷肥	钙镁磷肥	$\alpha - Ca_3(PO_4)_2$和	P_2O_5:12～18	碱性	枸溶性	—
		钢渣磷肥	$CaSiO_3$，$MgSiO_3$ $Ca_4P_2O_9 \cdot CaSiO_3$	P_2O_5:15以上	碱性	枸溶性	吸湿性弱
	难溶性磷肥	磷矿粉	$Ca(PO_4)_3 \cdot F$	P_2O_5:10～30	中性	强酸溶性	—
		骨粉	$Ca_3(PO_4)_2$	P_2O_5:20～35	中性	强酸溶性	
钾肥		硫酸钾肥	K_2SO_4	K_2O:48～52	中性	水溶性	有吸湿性
		氯化钾	KCl	K_2O:33.0～50.0	中性	水溶性	吸温室性强
		窑灰钾肥	$K_2CO_3 + K_2SO_4$ $+KCl$	K_2O:8～25	碱性	水溶性，弱酸溶性	易结块
复合肥	氮磷复合肥	氨化过磷酸钙	$NH_4H_2PO_4 +$ $CaHPO_4 +$ $(NH)_2SO_4$	N:2～3 P_2O_5:14～18	中性	水溶性	—
		磷酸铵	$NH_4H_2PO_4 +$ $(NH_4)_2HPO_4$	N:12～18 P_2O_5:46～52	中性	水溶性	有吸湿性
	磷钾复合肥	磷酸二氢钾	KH_2PO_4	P_2O_5:24 K_2O:27	酸性	水溶性	—
		磷钾复合肥	$\alpha - Ca_3(PO_4)_2$ 含钾盐类 KNO_3	P_2O_5:约11 K_2O:约9	带碱性	弱酸溶性	
	氮钾复合肥	硝酸钾	KNO_3	N:13 K_2O:16	中性	水溶性	稍有吸湿性

附录二　微量元素肥料的种类和性质

微量元素肥料	主要成分	有效成分含量（%）（以元素计）	性质
硼肥		B	
硼酸	H_3BO_3	17.5	白色结晶或粉末，溶于水
硼砂	$Na_2B_4O_7 \cdot 10H_2O$	11.3	白色结晶或粉末，溶于水
硼镁肥	$H_3BO_3 \cdot MgSO_4$	1.5	灰色粉末，主要成分溶于水
硼泥	—	约0.6	是生产硼砂的工业废渣，呈碱性，部分溶于水
锌肥		Zn	
硫酸锌	$ZnSO_4 \cdot 7H_2O$	23	白色或淡橘红色结晶，易溶于水
氧化锌	ZnO	78	白色粉末，不溶于水，溶于酸和碱
氯化锌	$ZnCl_2$	48	白色结晶，溶于水
碳酸锌	$ZnCO_3$	52	难溶于水
钼肥		Mo	
钼酸铵	$(NH_4)_2MoO_4$	49	白色结晶或粉末，溶于水
钼酸钠	$Na_2MoO_4 \cdot 2H_2O$	39	青白色结晶或粉末，溶于水
氧化钼	MoO_3	66	难溶于水
含钼矿渣	—	10	是生产钼酸盐的工业废渣，难溶于水，其中含有效态钼1%~3%
锰肥		Mn	
硫酸锰	$MnSO_4 \cdot 3H_2O$	26~58	粉红色结晶，易溶于水
氯化锰	$MnCl_2$	19	粉红色结晶，易溶于水

(续)

微量元素肥料	主要成分	有效成分含量（%）（以元素计）	性质
氧化锰	MnO	41～68	难溶于水
碳酸锰	MnCO$_3$	31	白色粉末，较难溶于水
铁肥		Fe	
硫酸亚铁	FeSO$_4$·7H$_2$O	19	淡绿色结晶，易溶于水
硫酸亚铁铵	(NH$_4$)$_2$SO$_4$·FeSO$_4$·6H$_2$O	14	淡蓝绿色结晶，易溶于水
铜肥		Cu	
五水硫酸铜	CuSO$_4$·5H$_2$O	25	蓝色结晶，溶于水
一水硫酸铜	CuSO$_4$·H$_2$O	35	蓝色结晶，溶于水
氧化铜	CuO	75	黑色粉末，难溶于水
氧化亚铜	Cu$_2$O	89	暗红色晶状粉末，难溶于水
硫化铜	Cu$_2$S	80	难溶于水

附录三　有机肥养分含量

样品名称	有机碳（%）	全氮（%）	全磷（%）	全钾（%）
人粪（鲜基）	9.52	1.17	0.26	0.32
人尿（鲜基）	0.17	0.52	0.03	0.12
人粪尿（鲜基）	2.50	0.64	0.14	0.17
猪粪	38.47	2.04	1.06	0.87
猪粪尿（鲜基）	3.55	0.24	0.07	0.17
牛粪	37.24	1.48	0.32	0.83
羊粪	29.92	2.21	0.59	1.26

（续）

样品名称	有机碳（%）	全氮（%）	全磷（%）	全钾（%）
鸡粪	24.12	2.14	0.92	1.25
鸭粪	24.14	1.64	0.50	0.80
鹅粪	27.08	1.60	0.62	1.45
兔粪	35.45	2.10	0.94	1.78
蚕沙	37.13	2.14	0.24	1.61
猪栏粪	31.91	1.49	0.59	1.25
牛栏粪	27.18	1.35	0.36	2.07
羊栏粪	19.14	1.26	0.27	1.33
堆肥	10.62	0.49	0.17	1.84
凼肥	8.12	0.39	0.19	2.32
沼渣	25.27	1.87	0.76	0.90
沼液（鲜基）	0.45	0.11	0.02	0.06
紫云英	41.29	2.87	0.25	1.72
蓝花草籽	38.76	2.98	0.36	2.58
蚕豆苗	41.36	2.44	0.33	1.88
豇豆苗	41.60	3.22	0.35	2.30
豌豆苗	40.94	3.21	0.30	1.61
红萍	32.95	2.69	0.17	2.06
其他萍	34.04	3.18	0.32	2.78
空心莲子草	35.88	2.98	0.39	6.72
水葫芦	33.84	2.47	0.46	4.31
水浮莲	30.24	2.33	0.36	3.72
水花生	35.28	2.56	0.33	4.16
山青	40.65	2.42	0.30	1.95

（续）

样品名称	有机碳（%）	全氮（%）	全磷（%）	全钾（%）
稻草	39.41	0.91	0.12	1.92
玉米秆	43.37	0.92	0.19	1.51
油菜秆	43.06	0.80	0.17	1.93
绿豆秆	41.50	1.52	0.22	1.65
豌豆秆	42.56	1.99	0.23	1.40
蚕豆秆	42.58	1.89	0.32	1.65
黄豆秆	42.25	1.54	0.17	0.98
大麦秆	44.92	0.72	0.10	1.29
烟秆	42.80	1.43	0.20	1.78
高粱秆	43.97	0.96	0.15	1.88
花生秆	40.94	1.61	0.11	1.07
茶籽饼	43.55	1.66	0.32	1.19
菜籽饼	39.79	5.04	1.04	1.28
桐籽饼	44.12	2.36	0.38	1.44
棉籽饼	37.47	4.28	1.02	1.02
烟饼	42.53	4.26	0.67	1.25
垃圾	8.03	0.28	0.16	1.59
塘泥	3.05	0.22	0.10	1.65
陈砖		0.20	0.11	2.20
火土灰	4.40	0.26	0.11	1.15
草木灰			0.86	7.07
酒糟	31.82	2.87	0.31	0.29
泥炭	5.61	0.69	0.04	0.49

注：凡未注明"鲜基"的均为"风干基"。

附　录　145

附录四　常规肥料可否混合一览表

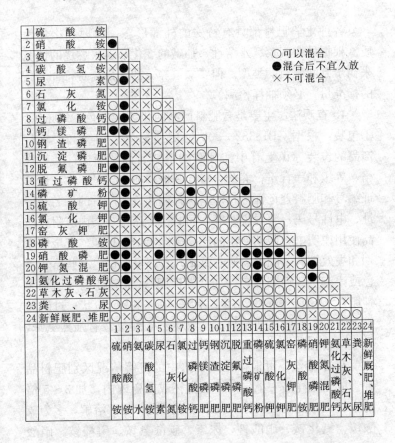

○可以混合
●混合后不宜久放
×不可混合

附录五　真假肥料鉴别方法

各种化学肥料都具有特殊的外部形态、物理和化学性质。根据外表观察、水溶性、加碱的变化和遇火燃烧的情况来初步判断肥料的类型。但要知道养分的含量是否符合产品的标准量，必须抽样检测。

1. 直观法　主要是看肥料产品的包装、颜色、气味等。①包装：根据 GB18382—2001《肥料标识　内容和要求》，产品的包装标识上有中文标明的肥料名称及商标；肥料规格、等级和净含量；养分含量；其他添加物含量；生产许可证编号和肥料登记证号；产品执行标准；生产者的厂名和厂址、电话号码；警示说明等。同时在产品包装袋内应附有产品使用说明书，限期使用的产品应标明生产日期、安全使用期和失效期。②颜色：所有氮肥几乎都呈白色，有些略带褐色或浅蓝色。钾肥白色（如盐湖钾肥），也有红色（加拿大钾肥）。磷酸二氢钾呈白色。钙镁磷肥为灰色粉状；过磷酸钙为灰色，并有多孔结块。③气味：碳酸氢铵有强烈氨味，硫酸铵略有酸味，过磷酸钙有酸味。

2. 水溶法　可根据化肥在水中的溶解情况区别肥料品种。取化肥样品一小勺，放在烧杯或白瓷碗内，加 3～5 倍清水，充分搅动后稍停，观察溶解情况：全部溶解，多为硫酸铵、氯化铵、硝酸钾、尿素、碳酸氢铵、磷酸铵、硝酸钾、氯化钾、硫酸钾等。部分溶解、部分沉于容器底部的为过磷酸钙、重过磷酸钙、硝酸铵钙等。不溶解而沉于容器底部的为钙镁磷肥、钢渣磷肥、磷矿粉等。

3. 化学反应法　取少许化肥样品与纯碱、石灰或草木灰等碱性物质混合，用棒搅拌，如能闻到氨味，则为铵态氮肥或铵态氮的复混肥。

4. 灼烧法　把化肥样品加热或燃烧，从火焰颜色、熔融情况、烟味、残留物等情况识别肥料品种。取少许化肥放在薄铁片或小刀上或直接放在烧红的木炭上，观察上述现象：直接分解，发生大量白烟，有强烈的氨味，无残留物为碳酸氢铵；直接分解或升华发生大量白烟，有强烈的氨味和盐酸味，无残留物为氯化铵；加热能迅速溶化、冒白烟、投入炭火中能燃烧或取一玻璃片接触白烟时，能见到玻璃片上附有一白色结晶物为尿素。不燃烧但逐渐溶化并出现沸腾状，冒出有氨味的烟为硝酸铵。熔化并燃烧，发生亮光，残留白色的石灰为硝酸钙。过磷酸钙、钙镁磷肥、磷矿粉在红木炭上无变化。硫酸钾、氯化钾在红木炭上无变化，但发出噼啪声。复混肥料因生产原料不同，差异较大。以上介绍的方法可以从表面上进行真假的识别。

主要参考文献 ··········

高祥照，杜森，马常宝.2005.测土配方施肥技术［M］.北京：中国农业出版社.

马国瑞，石伟勇.2002.农作物营养失调症原色图谱［M］.北京：中国农业出版社.

全国农业技术推广服务中心，中国农业科学院农业资源与区划研究所.2008.耕地质量演变趋势研究［M］.北京：中国农业出版社.

全国土壤普查办公室.1998.中国土壤［M］.北京：中国农业出版社.

肖焱波.2010.作物营养诊断与合理施肥［M］.北京：中国农业出版社.

中国农业科学院土壤肥料研究所.1987.中国肥料［M］.上海：上海科学技术出版社.

水稻缺氮

水稻缺磷

水稻缺磷和施磷肥比较

水稻缺钾

水稻缺钙（左：正常；右：缺钙）

水稻缺铜

水稻缺镁

水稻缺锌